PREFACE 머리말

일반(헤어)미용사 자격은 헤어 분야로 진입하기 위한 가장 기본이자 중요한 출발점입니다. 현장에서 요구되는 기초 이론과 실무 역량을 갖추기 위한 필수 자격으로, 취업과 진로 확장을 준비하는 많은 수험생들이 도전하고 있습니다.

그러나 일반(헤어)미용사 필기시험은 방대한 이론과 다양한 과목 구성으로 인해 체계적인 준비 없이는 부담이 될 수 있습니다. 본 교재는 이러한 수험생의 고민을 해결하기 위해 기출문제를 중심으로 출제 경향을 분석하고, 시험에 반드시 필요한 핵심 이론만을 선별하여 구성하였습니다. 단기간 학습에도 효과적으로 점수를 확보할 수 있도록 불필요한 설명은 줄이고, 출제 가능성이 높은 내용은 반복 학습이 가능하도록 정리하였습니다.

특히 "어떻게 공부해야 합격하는가"에 초점을 맞추어, 처음 일반(헤어)미용사 시험을 준비하는 수험생도 방향을 잃지 않도록 구성하였으며, 재도전 수험생에게는 효율적인 복습 교재가 될 수 있도록 실전 중심의 내용으로 구성하였습니다. 이론을 암기하는 데 그치지 않고, 문제를 통해 바로 이해하고 정리할 수 있도록 설계한 것이 본 교재의 가장 큰 특징입니다.

본 교재는 빠른 합격, 확실한 합격을 목표로 하는 수험생을 위해 만들어졌습니다. 일반(헤어)미용사 필기시험 합격에 꼭 필요한 내용만을 담아, 짧은 시간 안에 실력을 완성할 수 있도록 돕는 실전형 교재가 되기를 바랍니다. 이 한 권이 헤어미용 전문가로 나아가는 첫 관문을 통과하는 데 가장 확실한 선택이 되기를 기대합니다.

집필진 드림

GUIDE 일반(헤어)미용사 시험정보

✅ 기본정보

개요	분야별로 세분화 및 전문화 되고 있는 세계적인 추세에 맞추어 미용의 업무 중 헤어미용을 수행할 수 있는 미용분야 전문인력을 양성하여 국민의 보건과 건강을 보호하기 위하여 자격제도를 제정
수행직무	아름다운 헤어스타일 연출 등을 위하여 헤어 및 두피에 적절한 관리법과 기기 및 제품을 사용하여 일반미용을 수행
실시기관 홈페이지	http://www.q-net.or.kr
실시기관명	한국산업인력공단

✅ 응시접수

응시자격	제한 없음
원서접수	• 접수방법: 큐넷 홈페이지에서 접수 • 접수시간: 원서접수 첫날 10:00부터 마지막 날 18:00까지
시행방법	• 기간: 상시검정(공고 기간 내 접수) • 방법: CBT 방식 • 장소: 전국 시험장
수수료	• 필기: 14,500원 • 실기: 24,900원

✅ 시험방식

구분	시험과목	문항수	검정방식	시간	합격기준
필기	헤어스타일연출 및 두피모발관리 (공중위생관리학, 피부의 이해, 화장품 분류 포함) 등에 관한 사항	60문항	객관식 4지 택일형	60분	100점 만점 으로 하여 60점 이상
실기	미용실무	5과제	작업형	2시간 25분 정도	

✅ 출제기준

필기 과목명	주요항목	세부항목
헤어스타일 연출 및 두피·모발관리	미용업 안전위생 관리	미용의 이해, 피부의 이해, 화장품 분류, 미용사 위생 관리, 미용업소 위생 관리, 미용업 안전사고 예방
	고객응대 서비스	고객 안내 업무
	헤어샴푸	헤어샴푸, 헤어트리트먼트
	두피 · 모발 관리	두피 · 모발 관리 준비, 두피 관리, 모발 관리, 두피 · 모발 관리 마무리
	원랭스 헤어커트	원랭스 커트, 원랭스 커트 마무리
	그래쥬에이션 헤어커트	그래쥬에이션 커트, 그래쥬에이션 커트 마무리
	레이어 헤어커트	레이어 헤어커트, 레이어 헤어커트 마무리
	쇼트 헤어커트	장가위 헤어커트, 클리퍼 헤어커트, 쇼트 헤어커트 마무리
	베이직 헤어펌	베이직 헤어펌 준비, 베이직 헤어펌, 베이직 헤어펌 마무리
	매직스트레이트 헤어펌	매직스트레이트 헤어펌, 매직스트레이트 헤어펌 마무리
	기초 드라이	스트레이트 드라이, C컬 드라이
	베이직 헤어컬러	베이직 헤어컬러, 베이직 헤어컬러 마무리
	헤어미용 전문 제품 사용	제품 사용
	베이직 업스타일	베이직 업스타일 준비, 베이직 업스타일 진행, 베이직 업스타일 마무리
	가발 헤어스타일 연출	가발 헤어스타일, 헤어 익스텐션
	공중위생관리	공중보건, 소독, 공중위생관리법규(법, 시행령, 시행규칙)

Step 01

합격비법 손글씨 핵심요약

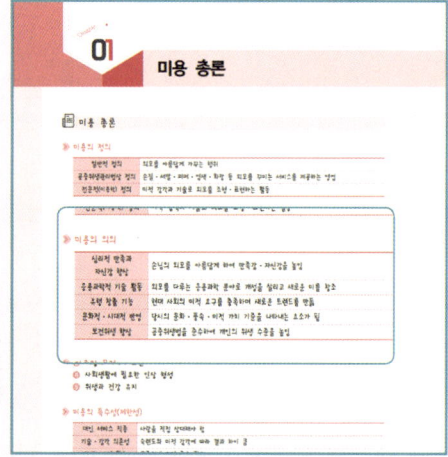

한눈에 정리하는 필수 핵심이론

꼭 알아야 할 중요한 핵심이론만 눈이 편한
손글씨로 정리하였습니다.

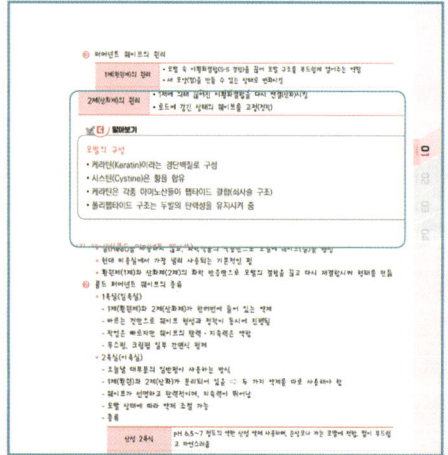

이해를 넓히는 보충 설명 & 실전 Tip

더 알아보기와 Tip을 통해 문제해결력을 높이고
학습효과를 극대화할 수 있습니다.

Step 02

8개년 CBT 기출복원문제

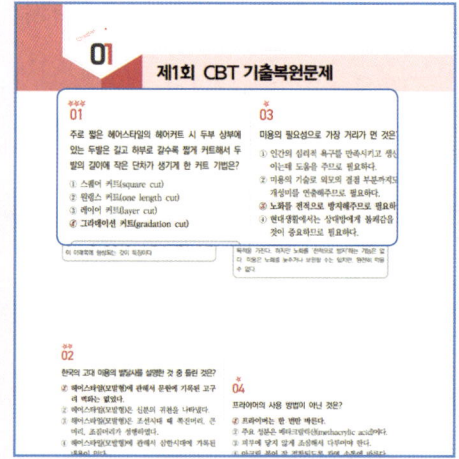

출제 경향을 읽는 최신 CBT 기출 분석

8개년 CBT 기출복원문제를 통해 기출 유형 및
출제 경향을 정확하게 파악할 수 있습니다.

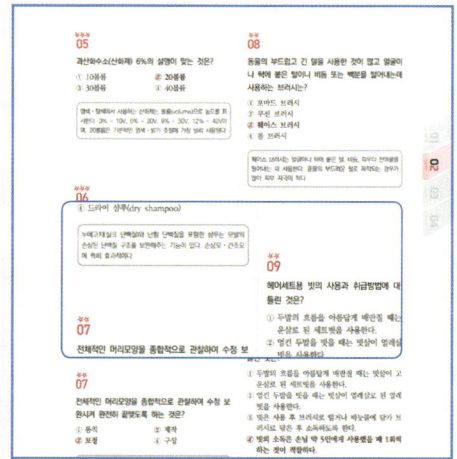

빈출중요도 표시로 효율적인 학습

문항별 빈출중요도 표시와 명확한 해설로 능률
적인 학습이 가능합니다.

파이널 CBT 실전모의고사

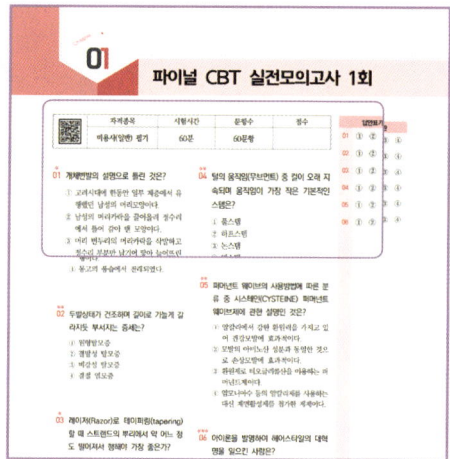

실전과 동일한 CBT 모의고사 구성

실제 시험과 동일한 유형의 실전모의고사로 실전
감각을 완성할 수 있습니다.

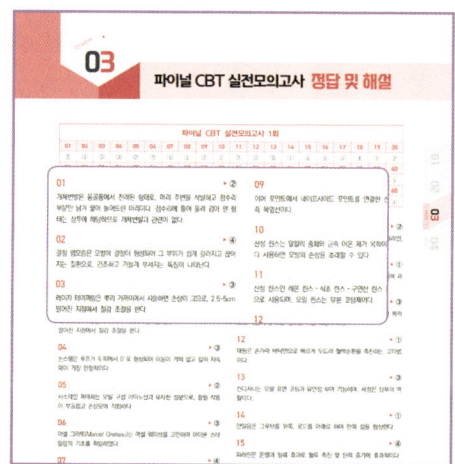

핵심을 짚는 문제해결 중심 해설

핵심만 정확히 짚어주는 해설로 문제해결 스킬을
향상시킬 수 있습니다.

최빈출 실전 60제

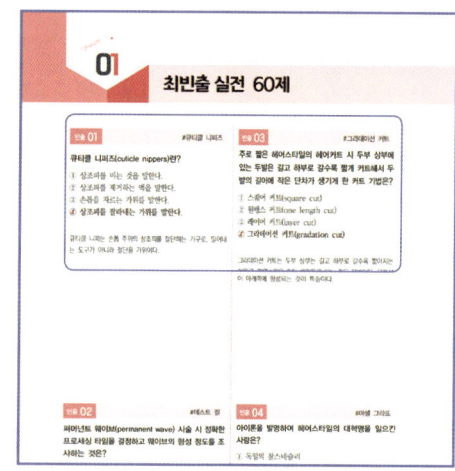

합격을 좌우하는 최빈출 문제 압축 정리

출제 빈도가 높은 최빈출 60문제로 합격을 위한
핵심 정리를 완성할 수 있습니다.

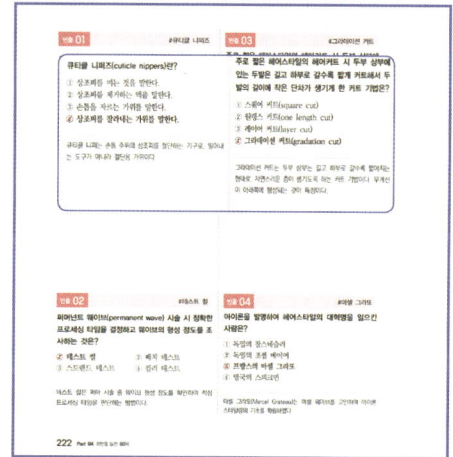

시험 직전 빠른 최종 점검 시스템

간단한 해설과 한눈에 보이는 정답으로 시험
직전 빠른 최종 점검이 가능합니다.

CONTENTS 목차

FAQ

Q 시험 합격 기준은 어떻게 되나요?

A 필기와 실기 모두 100점 만점 기준 60점 이상이면 합격입니다.

Q 필기시험은 어떤 방식으로 진행되나요?

A 필기시험은 CBT(Computer Based Test) 방식으로 진행되며, 시험장에서 컴퓨터로 문제를 풀고 시험 종료 후 바로 결과 확인이 가능합니다.

Q 필기시험 합격 후 실기시험은 언제까지 응시할 수 있나요?

A 필기시험 합격 후 2년 동안 실기시험에 응시할 수 있습니다.

Q 시험은 어디에서 접수하나요?

A 시험 접수는 한국산업인력공단 Q-Net 홈페이지에서 할 수 있습니다.

Q 독학으로도 합격이 가능한가요?

A 기출문제 중심으로 학습하면 필기시험은 독학으로도 충분히 합격 가능합니다. 다만 실기시험은 실습이 중요하므로 학원이나 실습 환경을 활용하는 것이 도움이 됩니다.

Q 미용사(일반) 자격증을 취득하면 어떤 일을 할 수 있나요?

A 자격증 취득 후 미용실 취업, 헤어 디자이너, 미용실 창업, 방송·웨딩·패션 관련 헤어 스타일리스트, 미용 관련 교육 분야 등에서 활동할 수 있습니다.

PART

01

합격비법
손글씨 핵심요약

미용 총론

📋 미용 총론

▶ 미용의 정의

일반적 정의	외모를 아름답게 가꾸는 행위
공중위생관리법상 정의	손질·세발·퍼머·염색·화장 등 외모를 꾸미는 서비스를 제공하는 영업
전문적(미용학) 정의	미적 감각과 기술로 외모를 조형·표현하는 활동

▶ 미용의 의의

심리적 만족과 자신감 향상	손님의 외모를 아름답게 하여 만족감·자신감을 높임
응용과학적 기술 활동	외모를 다루는 응용과학 분야로 개성을 살리고 새로운 미를 창조
유행 창출 기능	현대 사회의 미적 요구를 충족하며 새로운 트렌드를 만듦
문화적·시대적 반영	당시의 문화·풍속·미적 가치 기준을 나타내는 요소가 됨
보건위생 향상	공중위생법을 준수하여 개인의 위생 수준을 높임

▶ 미용의 목적

❶ 외모를 아름답게 함
❷ 심리적 만족과 자신감 향상
❸ 개성과 이미지 표현
❹ 사회생활에 필요한 인상 형성
❺ 위생과 건강 유지

▶ 미용의 특수성(제한성)

대인 서비스 직종	사람을 직접 상대해야 함
기술·감각 의존성	숙련도와 미적 감각에 따라 결과 차이 큼
위생·안전 필수	공중위생 규정 준수 필요
시간·공간의 제한	작업 환경·시간이 일정 부분 고정됨
유행·문화 영향	시대와 트렌드에 따라 기술과 표현이 제한됨

▶ 미용의 과정(5단계)

소재 구상	디자인 · 스타일 아이디어 구상
제작	실제 커트 · 펌 · 염색 등 시술
보정	모양 · 비율 · 디테일 조정
마무리	스타일 정리 및 완성
관리 안내	사후 관리 · 위생 · 유지 방법 안내

▶ 미용 시술 시 유의사항

연령	나이별 모발 · 피부 상태와 스타일 적합성 확인
계절	계절별 모발 · 피부 변화와 스타일 유지 고려
T.P.O(시간 · 장소 · 상황)	행사 · 근무 환경 등 상황에 맞는 스타일 제안
직업	직업 특성에 맞는 단정 · 안전한 스타일 권장

▶ 미용사의 자세

❶ 사명
  - 고객의 외모와 심리적 만족 향상
  - 건강과 위생 유지
  - 사회적 이미지 향상
❷ 소양
  - 전문 기술과 미적 감각
  - 친절 · 배려 · 책임감
  - 최신 트렌드 이해
  - 위생 · 안전 준수

▶ 미용사의 업무개요

미용업 (일반)	퍼머넌트 · 머리카락 자르기 · 머리카락 모양 내기 · 머리 피부손질 · 머리카락 염색 · 머리감기, 의료기기나 의약품을 사용하지 아니하는 눈썹손질을 하는 영업
미용업 (피부)	의료기기나 의약품을 사용하지 아니하는 피부상태 분석 · 피부관리 · 제모 · 눈썹손질을 하는 영업
미용업 (손 · 발톱)	손톱과 발톱을 손질 · 화장(化粧)하는 영업
미용업 (화장 · 분장)	얼굴 등 신체의 화장 · 분장 및 의료기기나 의약품을 사용하지 아니하는 눈썹손질을 하는 영업
미용업 (종합)	상기의 모든 업무를 하는 영업

❯❯ 미용사의 올바른 자세

일반적 자세	• 허리와 목을 곧게 펴고, 무리한 힘을 주지 않기 • 양발을 어깨너비로 벌려 안정적으로 서기
앉은 자세	• 등받이에 기대지 않고 허리 곧게 유지 • 발바닥이 바닥에 완전히 닿도록 조절 • 장시간 시술 시 허리·다리 근육 긴장 완화
샴푸 시 자세	• 고객 머리 높이와 각도 조절 • 허리·목 과도하게 굽히지 않고 팔·어깨의 힘을 분산 • 손목·손가락에 무리가지 않도록 유연하게
헤어스타일링 시 자세	• 고객 머리와 몸 위치 맞추기 • 팔·손목 움직임 최소화하며 몸 전체로 동작 수행 • 장시간 시술 시 중간중간 스트레칭

❯❯ 미용사의 위생 및 안전관리

개인 위생	• 손 씻기·손 소독 철저 • 단정한 복장, 깨끗한 머리·손톱 유지 • 개인 보호구(앞치마, 장갑 등) 착용
도구 위생	• 가위, 빗, 브러시, 기구 소독·청결 유지 • 타월, 로브 등 소독 및 교체 관리
작업 환경 위생	• 작업대, 의자, 바닥 청결 유지 • 공용 공간 위생 관리
안전관리	• 화학약품 사용 시 주의(알레르기·화상 예방) • 전열기구 사용 시 화상 방지 • 시술 중 고객과 자신의 안전 확보 • 응급 상황 대비(응급처치, 비상약품 준비)

❯❯ 미용과 관련된 두부의 구분

① 두부의 명칭

두부의 명칭은 헤어컷팅이나 펌머 시 두발을 구획
(블로킹)하는 부분으로 전두부(Top), 측두부(Side),
두정부(Crown), 후두부(Nape)로 구분됨

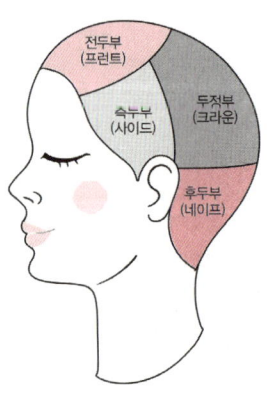

▲ 두부의 명칭

② 두부의 구분점

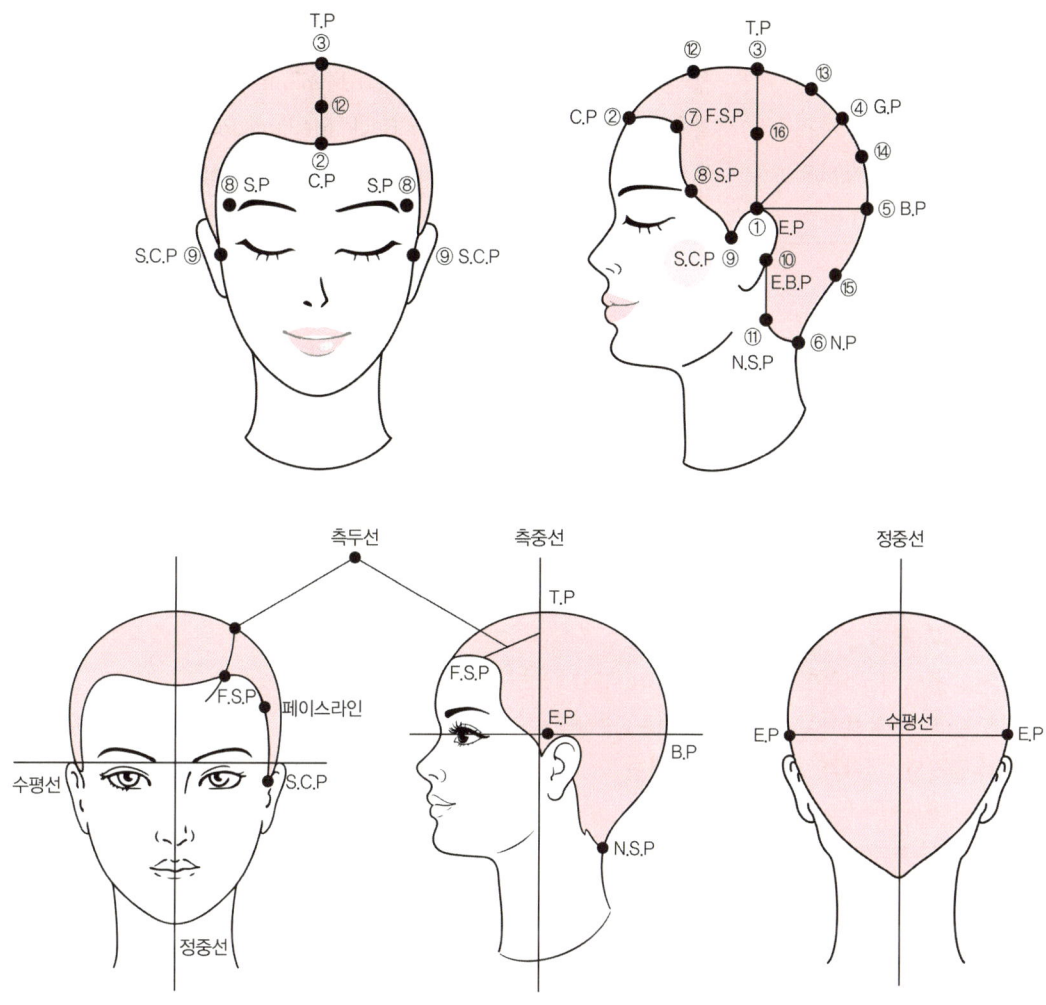

▲ 두부의 구분점 및 구분선

번호	기호	명칭
①	E.P	이어 포인트(Ear Point)
②	C.P	센터 포인트(Center Point)
③	T.P	탑 포인트(Top Point)
④	G.P	골든 포인트(Golden Point)
⑤	B.P	백 포인트(Back Point)
⑥	N.P	네프 포인트(Nape Point)
⑦	F.S.P	프론트 사이드 포인트(Front Side Point)
⑧	S.P	사이드 포인트(Side Point)
⑨	S.C.P	사이드 코너 포인트(Side Corner Point)
⑩	E.B.P	이어 백 포인트(Ear Back Point)

⑪	N.S.P	네프 사이드 포인트(Nape Side Point)
⑫	C.T.M.P	센터 탑 미디움 포인트(Center Top Medium Point)
⑬	T.G.M.P	탑 골든 미디움 포인트(Top Golden Medium Point)
⑭	G.B.M.P	골든 백 미디움 포인트(Golden Back Medium Point)
⑮	B.N.M.P	백 네프 미디움 포인트(Back Nape Medium Point)
⑯	E.T.M.P	이어 탑 미디움 포인트(Ear Top Medium Point)

📑 미용의 역사

▶ 우리나라의 미용

❶ 삼한시대
- 수장급 인물의 관모 착용
- 포로나 노비는 머리를 깎아 신분을 표시
- 마한의 남자는 결혼 후 상투 형성
- 진한에서의 머리털 제모와 눈썹의 진한 표현
- 마한과 변한에서의 글씨를 새기는 문신 풍습
- 주술적인 의미와 신분·계급 표현

❷ 삼국시대

고구려	얹은머리	땋은 머리로 머리둘레를 감싼 후 앞머리 부분에서 마무리한 머리
	진머리	두상의 뒤쪽을 낮게 틀어 올려 비녀로 꽂은 머리
	민머리	쪽지지 않은 머리
	중발머리	두상의 뒤쪽을 낮게 묶은 머리
	쌍상투머리	양쪽 앞부분에 틀어 올린 머리
	풍기명(식)머리	양쪽 귀 옆에 모발의 일부가 늘어뜨려진 머리
백제	기혼	쌍상투머리
	미혼	댕기머리
	남자	상투머리
신라		• 화려한 치장과 머리형으로 신분가 지위 표시 • 백분과 연지, 눈썹먹 사용(백분, 연지는 B.C 1120년경부터 사용) • 가체(가짜머리) 사용 • 남성화장 성행, 향수와 향료 제조

❸ 통일신라시대
- 화장품 제조기술이 발달
- 신분의 고하에 따라 슬슬전대모빗, 자개장식빗, 대모빗, 소아빗 등을 사용, 평민 여자는 뿔과 나무빗 등을 사용

- 남자들도 귀걸이, 목걸이를 사용하고 화려했던 시대
- 중국의 영향으로 화려한 화장

④ 고려시대

면약과 염색	면약(안면용 화장품) 사용과 최초로 모발 염색이 행해짐
거울, 화장품 용기	우리나라 최초로 수은제 거울과 유병이 만들어졌으며, 화장품 용기로 청자 상감 모자합 같은 것을 만들어 씀
계층화장	• 분대화장(짙은화장)과 비분대 화장(옅은화장)이 있었음 • 짙은 화장은 기생 중심으로 하였고 여염집 여자들은 옅은 화장을 하였음
개체면발 (치발)	• 한동안 일부 계층에서 시행되었던 남성의 머리 모양 • 몽골의 풍습에서 전래된 것으로 정수리 부분의 머리카락만 남기고 변두리는 삭발한 후 정수리 부분의 머리를 땋아 늘어뜨린 형태

⑤ 조선시대

조선 초기	유교의 영향으로 분대화장을 기피하고, 연한 화장 및 피부 손질 위주의 화장을 하였음
조선 중기	• 분 화장을 처음하기 시작 • 참기름을 밑화장용으로 사용 • 이마와 양쪽 볼에 곤지, 연지 • 머리 형태는 큰머리(가체를 얹은머리), 조짐머리(땋은 머리를 간단히 틀어 올린 머리), 둘레머리, 진머리가 있었음 • 비녀가 유일한 장식품으로 사용
조선 말기	서양문물의 급격한 유입과 일본침략에 의해 재래의 미용은 사라지기 시작했으며 다양한 머리 형태가 등장

- 특징
  - 유교사상과 남성 위주의 사회적 경향으로 인해 엷고 자연스러운 피부화장을 선호
  - 혼례 때는 연지 · 곤지를 찍고 분화장을 했으며, 밑화장으로 참기름을 사용
  - 수모(미용사 역할)가 머리와 얼굴의 치장을 도움
  - 기혼남성은 상투를 틀었고, 미혼남성은 댕기머리가 대표적
- 머리의 형태

대수머리	적의 착용 시 왕비·공주의 궁중 대례 가체머리
어여머리	• 생머리 위에 가체를 얹고, 가르마에 첩지·어염족두리를 착용한 예장머리 • 예장 시 봉잠을 정수리에, 떨잠을 양쪽에 꽂아 화려하게 장식 • 왕비·공주·당상관 부인 등 높은 신분만 착용 가능
큰 머리 (가체머리)	• 궁중 부녀자와 나인들이 즐겨 하던 가체 형태 • 정조 때 가체 금지령 후, 쪽머리 위에 작은 가체를 올려 고정하는 얹은머리가 유행
새앙머리	미혼여성의 모발 형태
쪽진머리	양 가르마를 타서 머리를 모아 묶은 뒤, 한 가닥을 땋아 자주색 댕기를 감싸고 비녀로 고정하는 기혼 여성의 일반적인 쪽머리 형태
얹은머리	모발을 뒤에서부터 땋아 앞 정수리에 둥글게 고정시킨 모발 형태
땋은머리	미혼의 처녀, 총각의 모발 형태

첩지머리	• 왕비와 상궁 등 신분·계급에 따라 다른 재료와 무늬의 첩지를 사용 • 예장 시에는 가르마 위에 첩지를 얹고 좌우로 머리를 늘어뜨리는 형태의 장식 머리
화관과 족두리	영조와 정조가 가체를 사용한 큰 머리를 금지함에 따라 혼례 때 궁중사람들과 서민들이 화관과 족두리를 사용

● 머리의 장식품

떨잠	• 왕비와 상류층의 예복에서 많이 사용 • 머리 중앙과 좌우 양옆에 꽂는 장식으로 큰 머리, 어여머리를 할 때 사용
뒤꽂이	신분에 따라 재료의 종류를 다르게 사용하였고, 대부분 은으로 만들어 쪽머리 뒷부분에 꽂는 장식품
비녀	• 재료로 보면 금잠·옥잠·은잠·비치잠·산호잠 등이 있고, 형태로 보면 용잠·봉잠·호도잠·국잠·석류잠 등이 있음 • 부녀자가 쪽머리에 사용
댕기	미혼 여성이 주로 사용하였고, 부녀자들도 머리장식에 사용하였으며, 삼국시대부터 사용하기 시작
첩지	예장 시 가르마 위에 얹는 장식(첩지)으로, 계급에 따라 문양과 재질이 다름 ▸ 왕비 → 용무늬 도금 첩지 ▸ 비·빈 → 봉황무늬 도금 첩지 ▸ 내외명부 → 도금 또는 흑각 개구리 첩지
상투와 상투관	관례를 치른 남성의 기본 머리 형태는 상투머리이며, 상투가 풀리지 않도록 동곳으로 고정 ▸ 동곳 재질 → 금·은·주옥 등 ▸ 상투관 → 상투 위에 씌우는 작은 관으로, 임금은 평상시에도 사용했고 머리숱이 적은 노인 사서인들이 많이 착용

❻ 현대 미용 인물 및 기관 업적

이름/기관	활동 시기	주요 업적 및 기여
이숙종	1945년 이후	대한민국 최초의 미용사 자격증 취득자 중 한 명으로 미용 교육과 기술 보급에 기여
다나까미용학원	1945년 이후	• 일본계 미용 교육 기관으로 광복 후 한국 미용 교육에 영향을 줌 • 많은 한국 미용인 배출
김활란	1950년대	여성 교육자이자 미용 문화 발전에 영향을 끼쳤고 미용을 여성 직업으로 정착시키는 데 기여
오엽주	1960~1970년대	한국 미용계의 선구자로 미용 기술 향상과 국제 교류에 앞장섬
김상진, 권정희, 엄형선	1945년~현재	• 김상진: 현대미용학원 설립 • 권정희: 정화미용고등기술학교 설립 • 엄형선: 예림미용고등기술학교 개설

외국의 미용

1 고대시대

이집트	• 고대 미용의 발상지(BC 1500년경) • 식물성 염모제(헤나)를 사용 • 일광방지와 신분표시로 가발을 사용 • 서양 최초로 화장을 하고 아이섀도를 사용하기 시작, 호루스의 눈(아이라인) • 붉은 참흙에 샤프란(Saffron, 꽃)을 조금씩 섞어서 빰을 붉게 칠하기도 하고 입술연지로도 사용 • 알칼리 토양과 태양열을 이용한 퍼머넌트의 기원
중국	• 기원전 2200년경 하나라 시대에 분을 사용하기 시작 • 기원전 1150년경 은나라 주왕 때 연지화장이 사용됨 • 기원전 246~210년경 진나라 시황제는 아방궁 3천명의 미희에게 백분과 연지를 바르게 하고 눈썹을 그리게 함 • 당나라 때 이마에 바르는 액황과 양볼에 연지를 하는 홍장을 함 • 현종·소종 때는 입술화장이 붉은 것을 미인이라 함 • 현종은 열 종류의 눈썹 모양을 소개하는 십미도를 소개하며 눈썹 화장에 신경을 씀
그리스	• 기원전 1세기경에 부인들의 머리 형태에 혁신적인 유행을 함 • 머리를 땋는 결발술이 크게 번성
로마	• 향수를 제조하고 향료가 발달 • 염색과 헤어 블리치가 유행

2 중세와 근세

● 중세

비잔틴시대	• 동로마 제국 및 그 지배하에 있었던 지역의 양식 • 남자는 짧은 단발형, 여자는 땋아서 묶거나 올린 형을 함 • 종교적 영향으로 터번, 관, 베일 등을 머리에 사용
로마네스크	• 신분에 따라 관을 써서 신분을 과시 • 로마의 양식에 비잔틴, 이슬람, 게르만, 켈트의 문화가 결합하여 이루어진 양식
고딕	• 높은 건물과 뾰족한 첨탑처럼 수직적이고 직선적인 느낌을 주는 건축양식 • 짧게 자른 머리와 컬을 자연스럽게 늘어뜨림 • 깃털을 사용한 다양한 모자가 사용됨

● 근세

르네상스	• 14~16세기 인간 중심의 로마 고전문화의 부활을 뜻함 • 독립된 전문 직업으로 개발되기 시작 • 머리를 짧고 단정하게 하였으며, 여러 가지 색의 가발을 사용 • 머리 장식보다는 아름다운 머리를 나타내기 시작

바로크	• 17세기에 전문 미용사들이 배출되기 시작 • 자유분방함이 강조 • 양옆을 크게 부풀린 과장된 머리 스타일과 남성의 머리 모양 또한 풍성해지기 시작 • 캐더린 오프 메디시 여왕이 프랑스 근대 미용의 기틀을 마련 • 샴페인(최초의 남성 결발사)
로코코	• 18세기 프랑스에서 발생한 양식으로 섬세함과 귀족풍의 화려함이 특징 • 거대한 대형머리형이 등장(생화, 깃털, 보석장식과 모형선까지 얹어 기이한 머리 형태와 장식으로 사치의 극치를 이룬 시대)

❸ 현대

마셀 그라또우	1875년 마셀 웨이브를 창안
찰스 네슬러	1905년 퍼머넌트 웨이브를 창안(스파이럴식 웨이브)
조셉메이어	1925년 크로키놀식 웨이브를 창안
J.B.스피크먼	1936년 콜드웨이브를 창안(화학약품의 작용)

📋 미용도구 및 헤어전문제품

▶ 미용 도구

❶ 빗

- **기능**

모발 정리	엉킨 머리를 펴고 가르마 만듦
분배 기능	커트·염색·펌 시 모발을 구분
스타일링 보조	볼륨 조절, 형태 만듦
두피 자극	혈액순환 촉진(브러시류 포함)

- **종류**

커트빗	커트 시 사용, 치밀한 빗살과 넓은 빗살 혼합
테일콤 (꼬리빗)	가르마·분할 작업 시 사용, 염색·퍼머 시 모발 분리
웨이브빗 (물결빗)	웨이브 스타일 잡기, 굴곡 모양 유지
브러시 (헤어브러시)	드라이·볼륨·탄력 부여

● 구조 및 선택조건

빗질이 잘되고 정전기가 발생하지 않아야 하며, 내수성 및 내구성이 좋아야 함

빗몸	안정성이 있고 비뚤어지지 않은 일직선이어야 함
빗살	끝이 가늘고 전체가 균등하게 똑바로 나열된 것이 좋으며 빗살 사이 간격이 균일해야 함
빗살 끝	너무 뾰족하거나 무디지 않아야 함
빗살뿌리	두발이 걸리지 않고 손질하기 쉬운 형태의 둥그스름한 것이 좋음

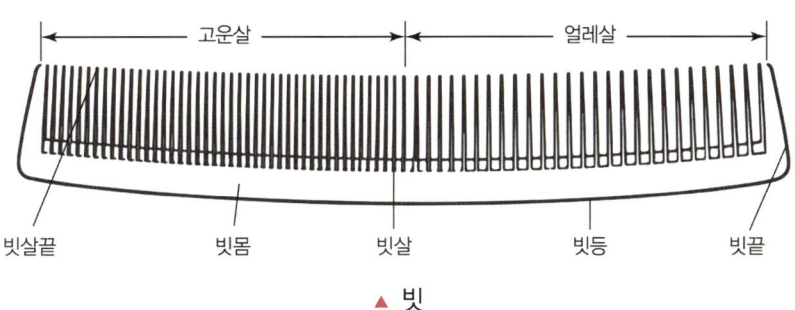

▲ 빗

● 손질법

- 사용 후 머리카락 제거
- 미지근한 비눗물로 세척(약한 솔로 문질러 세척)
- 깨끗한 물로 헹군 뒤 자연건조
- 소독기·살균제 사용해 위생 관리
- 열기구 근처 보관 금지(변형 방지)
- 빗살이 휘거나 부러진 빗은 교체

❷ 브러시

● 특징

- 모발을 곱게 정리하고 윤기 부여
- 드라이·볼륨·컬 형성에 효과적
- 두피 혈액순환 자극
- 빗보다 스타일링 기능이 강함

● 종류

롤브러시	드라이 시 컬·웨이브·볼륨 형성에 사용
패들브러시	넓은 판 형태, 엉킴 정리, 매끄럽게 펴기
라운드브러시	둥근 형태, 볼륨 강화, 내·외컬 만들기
스켈레톤브러시	통풍성 좋음, 빠른 드라이용
쿠션브러시	쿠션감 있어 두피 마사지 효과
나일론/돼지털 브러시	• 나일론: 강한 정리력 • 돼지털: 모발 윤기, 부드러운 정리

- 손질법
  - 털과 먼지 제거
  - 미지근한 비눗물로 세척
  - 금속 부분은 녹 방지를 위해 잘 건조
  - 자연건조(드라이기의 강한 열 사용 금지)
  - 소독기 사용 또는 소독제 도포
  - 브러시 솜털(브리스틀)이 휘거나 빠지면 교체

③ 가위(Scissors)

- 구조

날(칼날)	모발을 자르는 부분
손잡이(링)	손가락 넣는 부분
나사(볼트)	가위의 조임 조절 부분
멈치(지지대)	소지 받침 부분
끝날(팁)	세밀한 커트 부분

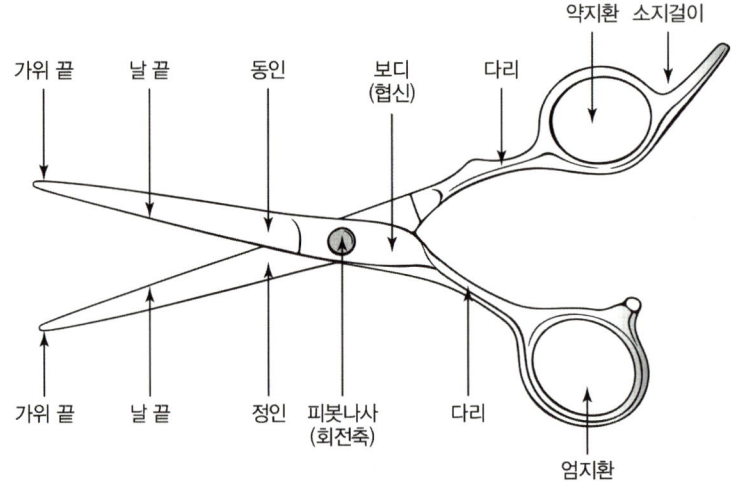

▲ 가위의 구조

- 특징
  - 커트의 정확성·균일성 유지
  - 다양한 기법(블런트·슬라이싱·포인트)에 사용
  - 나사 조임 상태에 따라 커트감 달라짐

● 목적별 종류

목적	종류	특징
기본 커트용	커트가위(일반가위)	일자 컷, 레이어 컷 등 기본 커트
숱 조절·질감 처리	숱가위(텍스처 가위, 세팅가위)	모량 감소, 질감 표현
세밀 커트	미니가위	잔머리·라인 등 디테일 컷
특수 질감 표현	레이저 가위	흐르는 듯한 텍스처 컷
좌·우 전용	왼손가위 / 오른손가위	손잡이 방향에 맞춰 안정적인 작업

● 형태별 종류

일반형 가위	양쪽 날이 매끈한 기본 구조
세팅가위(숱가위)	한쪽 또는 양쪽에 톱니(홈)가 있음
블런트가위	무거운 날, 직선적·단단한 커트감
오프셋형 가위	손목 부담 감소, 인체공학적 구조
스트레이트형 가위	두 손잡이가 일직선, 전통형
크레인형 가위	손목·팔의 피로를 줄여 장시간 작업 적합

● 손질법
  - 사용 후 털·머리카락 제거
  - 부드러운 천으로 날과 손잡이 닦기
  - 전용 오일을 나사 부분에 한 방울 떨어뜨려 윤활 유지
  - 습기·약품 가까이 두지 않기
  - 떨어뜨리거나 강한 충격 금지(날 손상)
  - 전문가에게 주기적 연마 의뢰
  - 사용 후 반드시 케이스에 보관

❹ 레이저

● 구조

손잡이(Handle)	잡고 움직이는 부분
칼날(Blade)	모발을 미끄러지듯 잘라 질감 부여
날 보호캡(Guard)	안전성 확보, 초보자 사용 가능
날 교체부(Holder)	블레이드 교체 가능 구조

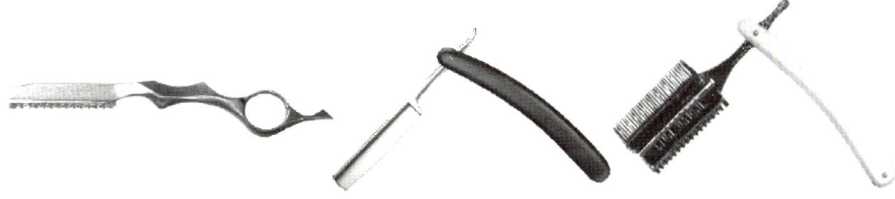

▲ 레이저

- 특징
  - 부드러운 질감 표현에 탁월
  - 커트 라인이 자연스럽고 흐름이 생김
  - 가위에 비해 커트감이 가볍고 슬라이싱 쉬움
  - 직선보다 불규칙·가벼운 텍스처 제작에 적합
  - 과사용 시 모발 손상·끝 갈라짐 주의 필요
- 종류

일반 레이저(가드 없음)	날 그대로 사용, 전문가용, 예리한 커트
가드 레이저(보호날 있음)	초보자용, 안전성 높음, 부드러운 질감 처리
교체식 레이저	날만 교체 가능, 위생적
일체형 레이저	고정형, 안정감 있으나 교체 불가
전문 텍스처 레이저	모발 흐름·가벼운 질감 처리 전용

- 관리방법
  - 사용 후 모발 제거하여 마른 천으로 닦기
  - 습기·물기 제거(녹 방지)
  - 날은 자주 교체하여 예리함 유지
  - 소독액 또는 소독기 사용해 위생 관리
  - 떨어뜨리거나 강한 충격 금지
  - 가죽 케이스나 전용 보관함에 안전 보관

⑤ 헤어아이론

- 구조

그립(손잡이)	잡고 조작하는 부분
바렐(열판, 봉)	열을 이용해 컬·웨이브 형성하는 부분
클램프(집게)	모발을 고정하는 부분
온도조절기(조절 스위치)	열의 강약 조절하는 부분
전선 및 연결부	전원 공급 부분

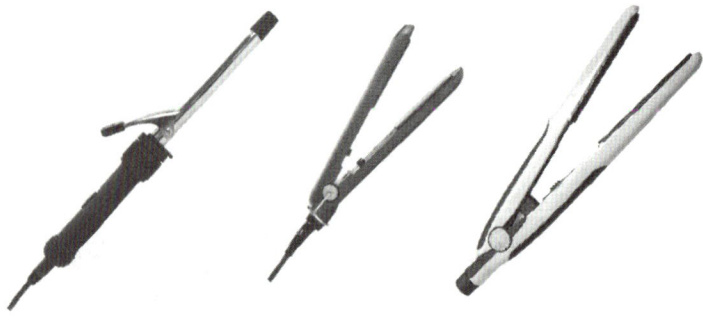

▲ 헤어아이론

● 종류

봉 아이론(컬 아이론)	둥근 봉으로 웨이브·컬 형성
판 아이론(스트레이트 아이론)	직모·볼륨 다운·매끈한 스타일 형성
볼륨 아이론(크림핑 아이론)	뿌리 볼륨, 텍스처 강조
삼각·사각 아이론	특수 볼륨·특수 컬 형성
웨이브 아이론(물결 아이론)	S컬·와이드 웨이브 형성
자동 아이론(오토컬)	자동 회전으로 웨이브 형성

● 조건
- 온도 조절이 용이할 것(모발 상태에 맞춘 세팅 가능)
- 열이 균일하게 전달될 것(핫스팟 없음)
- 적당한 무게와 그립감(손목 피로 줄임)
- 열판의 재질이 우수할 것
- 세라믹 / 티타늄 / 토르말린 등
- 전선이 회전식(360° 스위블)으로 꼬임 방지
- 안전장치 구비
- 자동 전원 차단, 과열 방지
- 모발 손상 최소화 구조

❻ 기타도구

헤어핀 (Hair Pin)	• 가늘고 길쭉한 금속핀 • 모발 고정·고정력 보조 • 업스타일·셋팅 시 필수 도구
헤어클립 (Hair Clip)	• 모발을 넓게 잡아 고정하는 도구 • 커트·염색·퍼머 등 분할 작업에 사용 • 강한 집게력과 안정적인 분리 기능

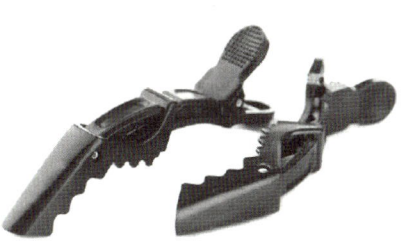

▲ 헤어핀

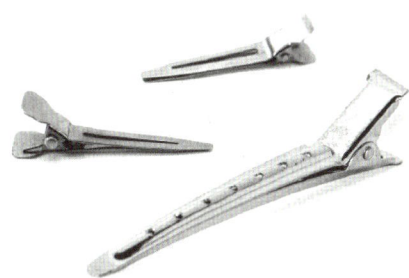

▲ 헤어클립

≫ 미용 기기

❶ 헤어드라이기

● 구조

본체(Body)	모터·히터가 들어 있는 중심부
송풍구(Nozzle)	바람이 나오는 입구
흡입구(Air Inlet)	공기를 빨아들이는 부분
히터(Heating Coil)	공기를 가열하는 부분
모터(Fan Motor)	바람을 만들어 송풍
스위치(조절버튼)	풍속·온도 조절
전선(Cord)	전원 공급

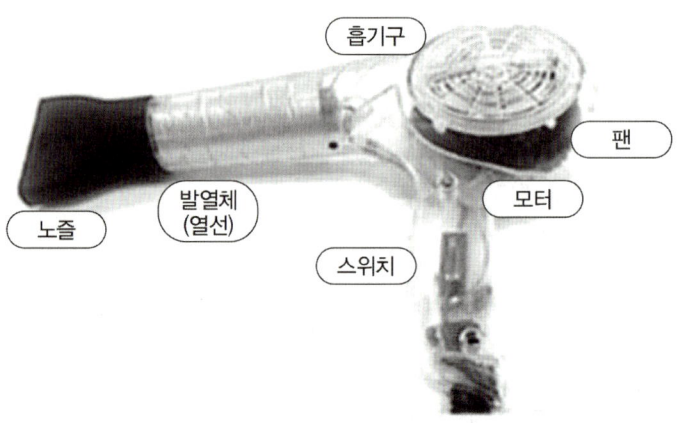

출처: 교육부(2017), 헤어스타일연출(LM1201010123_16v3). 한국직업능력개발원. p.6.

▲ 핸드타입 헤어드라이기의 구조

● 특징
- 바람 + 열을 이용해 모발을 빠르게 건조
- 풍속, 온도 조절로 스타일링 가능
- 노즐 교체로 집중 건조·볼륨 조절
- 과열 방지 장치로 안전성 확보
- 헤어 제품(에센스, 볼륨스프레이)과 함께 사용 시 스타일 유지력 증가

❷ 히팅캡(Heating Cap)

● 정의
  전기·열을 이용해 열을 고르게 전달하는 모자형 장치

● 용도
- 모발 열 처리 보조(염색, 펌, 트리트먼트)
- 약제 활성화 ⇨ 화학작용 촉진
- 모발 손상 최소화 ⇨ 열 균일 분산

- 특징
  - 모발 전체를 덮어 균일한 온도 유지
  - 전기식·원적외선식 등의 종류가 있음
  - 집이나 미용실에서 트리트먼트 효과 극대화
③ 헤어스티머(Hair Steamer)
- 정의
  - 수증기(스팀)를 이용하여 모발과 두피에 열과 수분 공급
  - 모발·두피 관리, 트리트먼트 효과를 높이는 기기
- 용도
  - 모발 깊은 보습 ⇨ 건조 모발 개선
  - 두피 혈액순환 촉진 ⇨ 건강한 모발 성장 도움
  - 트리트먼트 활성화 ⇨ 영양 공급 극대화
  - 펌·염색 후 모발 손상 방지
- 특징
  - 고온·고습 스팀으로 모발 내부까지 영양 침투
  - 열과 수분의 균일한 공급
  - 미용실에서 트리트먼트 시 주로 사용
  - 과도한 사용 시 두피 화상 주의
④ 미안용 기기
  피부에 사용되는 고주파 전류미안기, 갈바닉, 전류미안기, 적외선, 자외선 바이드레이터 등의 기기

헤어 전문 제품

① 헤어제품의 정의
- 모발과 두피를 관리하거나 스타일링을 돕는 제품
- 모발의 미적 효과, 보호, 건강 유지 목적

② 헤어 미용제품의 성분 및 기능

성분	기능	제품
계면활성제	모발·두피 세정, 기름·먼지 제거	샴푸
컨디셔닝제(실리콘, 카티온계)	모발 코팅, 부드럽게, 정전기 방지	린스, 컨디셔너
단백질(케라틴, 콜라겐)	손상 모발 보수, 영양 공급	트리트먼트, 헤어팩
보습제(글리세린, 판테놀)	수분 공급, 건조 모발 보호	트리트먼트, 마스크
폴리머(헤어젤, 스프레이 성분)	모발 형태 고정, 볼륨 유지	스타일링 제품
산화제(과산화수소 등)	색소 변형, 염색 반응 촉진	염색약
환원제(티오글리콜산 등)	모발 구조 변형, 컬·웨이브 형성	펌제
보호제 (히트프로텍트 성분, 실리콘)	열로 인한 손상 예방	열 스타일링 제품
항산화제/비타민	모발·두피 보호, 손상 완화	두피관리 제품, 트리트먼트

❸ 헤어 미용제품의 사용 목적과 종류

사용 목적	종류	주요 기능
세정	샴푸	모발·두피 청결, 피지·먼지 제거
컨디셔닝	린스, 컨디셔너	모발 부드럽게, 엉킴 방지, 코팅
영양 공급/손상 회복	트리트먼트, 헤어팩, 마스크	손상 모발 회복·보습·윤기 부여
스타일링	젤, 무스, 스프레이, 왁스	컬·볼륨·고정, 스타일 유지
열 보호	히트 프로텍트, 세럼	드라이·아이론 시 모발 손상 예방
두피 관리	두피 스케일링, 에센스	혈액순환, 비듬·각질 제거, 건강한 두피 유지
색상 변화	염모제	모발 색상 변화, 톤 조절
컬·웨이브 형성	펌제	웨이브·컬 생성, 모발 구조 변형

📑 헤어샴푸 및 컨디셔너

➤ 헤어샴푸

❶ 샴푸 일반

정의	• 모발과 두피를 청결하게 유지하는 기본 관리 제품 • 피지·먼지·노폐물 제거로 두피 건강 유지 • 스타일링과 모발 관리의 기초 단계
효과	• 모발과 두피 세정 ⇨ 오염물 제거 • 두피 혈액순환 촉진 • 모발 결 손상 방지 및 윤기 유지 • 두피 피부질환 예방
목적	• 모발과 두피 청결 유지 • 두피 건강 관리 • 스타일링을 위한 준비 단계 • 모발 손상 예방 및 보호
주의사항	• 두피 상태에 맞는 샴푸 선택(지성·건성·민감성) • 적당량 사용 ⇨ 과다 사용 시 모발 손상 • 물 온도 적절히 조절(너무 뜨거운 물 피함) • 충분히 거품 내어 마사지 후 깨끗이 헹굼 • 샴푸 후 트리트먼트/린스 사용으로 보습 유지

❷ 사용 방식에 따른 샴푸의 종류

웨트 샴푸 (물을 사용하는 샴푸)	플레인 샴푸	• 일반적인 세정용 샴푸 • 모발 · 두피 청결 유지
	에그 샴푸	• 계란 성분 함유 • 단백질 보충 및 모발 영양 공급
	핫오일 샴푸	• 따뜻한 오일 첨가 • 모발 건조 · 손상 회복, 윤기 부여
	토닉 샴푸	• 두피 자극 및 혈액순환 촉진 • 모발 건강 및 탈모 예방
드라이 샴푸 (물을 사용하지 않는 샴푸)	파우더 드라이 샴푸	• 흡수력이 뛰어나 기름 제거 효과 • 빠른 청결
	에그 파우더 드라이 샴푸	• 계란 단백질 성분 포함 • 모발 영양 공급과 동시에 기름 제거
	리퀴드 드라이 샴푸	• 액상 형태, 분사 후 모발 청결 및 냄새 제거 • 볼륨 조절 용이

❸ 두피 · 모발 상태에 따른 샴푸의 종류

정상 두피	알칼리성 샴푸	• pH가 높아 피지 · 노폐물 제거가 강함 • 스타일링 전 모발 준비용 • 잦은 사용 시 모발 손상 주의
	산성 샴푸	• pH가 낮아 모발 큐티클 보호, 염색모 보호, 윤기 유지 • 두피 자극 적음
특수 두피	비듬성 샴푸	비듬 제거, 두피 각질 조절, 청결 유지
	지성 샴푸	피지 과다 분비 조절, 모발 · 두피 청결 유지
	건성 샴푸	수분 공급, 두피 건조 예방, 모발 윤기 유지
	민감성 샴푸	저자극 성분, 두피 진정, 알레르기 예방
	염증성 샴푸	• 항균 · 항염 성분 포함 • 두피 염증 완화 및 진정

❹ 기타 기능성 샴푸

데오드란트 샴푸	두피 냄새 제거, 청결 유지, 피지 조절
저미사이드 샴푸	살균 · 항균 작용, 비듬 및 두피 세균 억제
리컨디셔닝 샴푸	손상 모발 회복, 윤기 및 부드러움 부여
소프트터치 샴푸	모발 결 개선, 부드럽고 촉촉하게 관리

❺ 샴푸의 첨가제

● 계면활성제

- 역할

세정 작용	모발과 두피의 피지·먼지·노폐물을 제거
유화 작용	기름때를 물에 녹여 씻어낼 수 있게 함
거품 형성	샴푸 사용 시 풍부한 거품 생성, 세정력 증가
컨디셔닝 보조	모발 표면 코팅해 부드럽게 함

- 종류

음이온 계면활성제	세정력 강함, 거품 풍부, 피지 제거에 효과적(예 라우릴황산나트륨)
양이온 계면활성제	모발 코팅, 정전기 방지, 컨디셔닝 효과(예 카티온 폴리머)
비이온 계면활성제	저자극, 민감성 두피용, 세정력 중간(예 글루코사이드 계열)
양쪽성 계면활성제	세정 + 컨디셔닝, 자극 적음, 산성·알칼리성 모두 사용 가능 (예 코카미도프로필베타인)

❻ 기타 첨가제

보습제 (글리세린, 판테놀 등)	모발과 두피에 수분 공급, 건조 예방
단백질 (케라틴, 콜라겐 등)	손상 모발 회복, 영양 공급, 윤기 부여
컨디셔닝제 (실리콘, 카티온계)	모발 표면 코팅, 부드럽게, 정전기 방지
방부제 (파라벤, 페녹시에탄올)	샴푸 변질 방지, 미생물 성장 억제
향료	제품 향 제공, 사용 시 청결감 유도
산·알칼리 조절제 (시트르산, 수산화나트륨)	PH 조절, 모발 큐티클 보호, 세정력 조절
항균·항염 성분 (살리실산, 티트리오일)	두피 염증 완화, 비듬 및 세균 억제

헤어 린스

❶ 목적

모발 표면 코팅	큐티클을 정리하여 모발 결을 부드럽게 함
모발 윤기 부여	빛 반사를 높여 건강하고 윤기 있는 모발 표현
엉킴 방지	모발 사이 마찰 감소 ⇨ 빗질과 스타일링 용이
정전기 방지	겨울철 모발 정전기 감소
모발 보호	외부 자극(열, 오염, 스타일링)으로부터 모발 손상 방지

❷ 종류

플레인 린스	기본 린스, 모발 표면을 부드럽게 하고 윤기 부여, 엉킴 방지
유성 린스	오일 성분 첨가, 건조·손상 모발 보습, 윤기 강화
산성 린스	산성 pH, 큐티클을 정리하여 모발 윤기 유지, 염색모 보호
약용 린스	항균·항염 성분 포함, 두피 건강 관리, 비듬·가려움 개선

📄 헤어커트

▶ 헤어커트의 기초

❶ 헤어커트의 개요
- 모발을 일정한 길이로 자르고, 형태를 다듬어 미적 균형과 스타일을 창조하는 미용 기술
- 헤어커트의 3요소: 조화, 유행, 기술

❷ 헤어커트의 종류

종류	정의	목적과 용도
웨트커트 (Wet Cut)	젖은 모발 상태에서 하는 커트	모발 길이와 기본 형태 결정, 정확한 커트 가능
드라이커트 (Drying Cut)	말린 모발 상태에서 하는 커트	모발의 자연스러운 움직임 확인, 최종 형태 조정
프레커트 (Pre-Cut)	전체 커트 전에 모발을 준비하고 나누는 작업	모발 섹션 분리, 균일한 커트 기반 마련
애프터커트 (After Cut)	커트 완료 후 최종 정리 커트	머리 윤곽 정리, 균형 맞추기, 디테일 보완

❸ 헤어커트 시 필요한 도구

가위(일반가위)	모발 자르기, 길이와 형태 결정
틴닝가위(숱가위)	모발 양 조절, 질감 표현, 층 표현
레이저(면도칼)	모발 끝 다듬기, 질감 조절, 세밀한 커트
빗	모발 정리, 섹션 나누기, 커트 정확도 향상
분무기	모발 적시기, 웨트커트 시 모발 관리
클립 / 섹션핀	모발 섹션 고정, 균일한 커트 보조
클리퍼(이발기)	짧은 머리나 남성 커트, 기계식 모발 길이 조절

❹ 헤어커트 시 주의사항
- 도구 청결 유지
- 도구 안전하게 사용
- 모발 상태 확인
- 커트 단계별 확인
- 균형과 대칭 고려
- 손님과 사전 상담
- 섹션 정확히 나누기

🔻 헤어커트의 기법

❶ 테이퍼링(Tapering)

- 레저를 사용해 모발선이 가장 자연스러운 커트
- 물로 두발을 적신 다음, 두발 끝을 점차적으로 가늘게 커트
- 테이퍼링 시 스트랜드 뿌리에서 2.5~5cm 정도 떨어져 시행

종류	정의 / 특징	용도
앤드 테이퍼 (End Taper)	모발 끝 부분에서 길이 점차 감소	자연스러운 머리 끝 마무리, 부드러운 윤곽
노멀 테이퍼 (Normal Taper)	목덜미와 귀 주변에서 일정하게 길이 감소	일반적인 테이퍼 스타일, 균형 잡힌 윤곽
딥 테이퍼 (Deep Taper)	목덜미, 귀 주변에서 깊게 짧아짐	대비 강한 스타일, 남성 단정 커트에 많이 사용

❷ 스트로크(Stroke) 기법

- 개념

  가위(시저스)를 이용한 테이퍼링

- 종류

롱 스트로크 (Long Stroke)	긴 가위 움직임, 모발 끝을 부드럽게 다듬음, 자연스러운 질감
미디움 스트로크 (Medium Stroke)	중간 길이 움직임, 균형 있는 커트, 자연스러운 층 형성
숏 스트로크 (Short Stroke)	짧은 움직임, 디테일 커트, 볼륨 조절 및 질감 강조

❸ 블런트 커트(Blunt Cut)

- 개념

  모발을 같은 길이로 직선으로 자르는 커트로 끝이 깔끔하고 일직선으로 떨어짐

- 종류

  - 원랭스 커트(One-Length Cut)

    모발 길이를 한 길이로 일정하게 자르는 커트 기법

머시룸(Mushroom)	버섯 모양처럼 둥글고 균일한 곡선형태, 귀와 목 주변 길이 일정
이사도라(Isadora)	얼굴형을 강조하는 부드러운 레이어커트, 자연스러운 움직임
스파니엘(Spaniel)	강아지 스파니엘처럼 귀와 목 주변 길이 강조, 풍성하고 부드러운 라인
패러럴보브(Parallel Bob)	앞뒤 모발 길이 평행하게 맞춘 보브 커트, 단정하고 세련된 느낌

  - 스퀘어 커트(Square Cut)

    ▲ 모발을 직각 형태로 깔끔하게 자르는 커트 기법

    ▲ 앞뒤, 좌우 균형이 직선과 각을 이루는 스타일

- 그라데이션 커트(Graduation Cut)
  - ▲ 모발 길이를 점차적으로 짧게 층을 내면서 커트하는 기법
  - ▲ 목덜미 ⇨ 위쪽으로 자연스럽게 길이 변화
  - ▲ 부드러운 곡선과 볼륨감 연출
  - ▲ 머리 모양에 입체감과 자연스러운 라인 제공
  - ▲ 단정하면서도 세련된 스타일 가능
  - ▲ 무거움과 가벼움을 조절하여 스타일 균형 유지

종류	정의 / 특징	용도
로우 그라데이션 (Low Graduation)	목덜미 주변에서 길이 점차 줄임, 윗부분과 차이 크지 않음	자연스러운 볼륨, 단정한 스타일
미듐 그라데이션 (Medium Graduation)	중간 높이에서 길이 점차 줄임	입체감 있는 곡선, 일반적인 세련된 스타일
하이 그라데이션 (High Graduation, 아이그라데이션)	위쪽 높이에서 길이 급격히 줄임	강한 입체감, 볼륨 강조, 스타일 포인트 강조

- 레이어 커트(Layer Cut)
  - ▲ 모발의 길이를 층(Layer) 형태로 나누어 위쪽이 더 짧고 아래쪽을 길게 만드는 커트 기법
  - ▲ 무게감을 줄이고 가벼운 실루엣과 자연스러운 움직임을 만드는 기술
  - ▲ 머리에 볼륨과 움직임을 줌
  - ▲ 모발이 가볍고 자연스럽게 흐르는 느낌
  - ▲ 숱이 많은 사람, 긴 머리에 특히 효과적
  - ▲ 형태·질감 조절이 자유롭고 다양한 스타일 연출 가능

구분	인크리스 레이어 (Increase Layer)	유니폼 레이어 (Uniform Layer)	스퀘어 레이어 (Square Layer)
특징	머리 길이가 아래로 갈수록 길어지는 형태 (상단 짧고 하단 긺)	모든 방향으로 동일한 길이로 컷	양옆 길이를 같은 선상에서 수평·직각으로 유지하며 층 처리
기본 형태	앞·중심 짧고 뒤로 갈수록 길어짐 ⇨ "A라인" 느낌	전체가 동일한 층 ⇨ "동그란 형태"	네모 형태의 실루엣 (사각형 무게선)
웨이트 위치 (무게감)	하단에 무게가 쌓임	무게감 분산, 전체 고르게	중간~하단에 무게선이 일정하게 분포
효과	길고 슬림한 실루엣, 가벼운 텍스처	자연스러운 볼륨, 둥글고 부드러운 형태	웨이트 유지 + 깔끔한 라인, 형태 안정
적용 길이	중~장발	숏~중발	단~중발
사용 목적	길이 유지하면서 가벼움·플로우 강조	전체 자연스러운 볼륨감, 균형 잡기	강한 실루엣, 안정적인 형태 유지
대표 사용 스타일	롱 레이어, 샤기컷, 울프컷	크롭컷, 숏 레이어, 유니폼 숏컷	보브 응용, 스퀘어 숏 레이어

❹ 쇼트헤어커트

구분	싱글링(Singling)	포인팅(Pointing)	슬라이싱(Slicing)
정의	모발 끝을 하나씩 또는 소량씩 잘라 미세한 질감을 주는 기법	가위를 모발 끝에 수직·경사지게 넣어 끝부분을 깎아내는 질감 처리 기법	가위를 모발에 대고 미끄러지듯 움직여 양을 줄이고 결을 만드는 기법
작업 방식	가위 끝으로 '톡톡' 치며 개별 모발을 절단	끝을 향해 가위 날을 넣어 삼각 형태로 모발을 절단	가위를 빗질하듯 슬라이드하며 길게 쓸어내림
텍스처	매우 섬세하고 자연스러운 미세 텍스처	가벼운 텍스처 + 모발 끝의 부드러움 형성	자연스러운 레이어감과 흐름이 생김
주 사용 부위	네이프, 헤어라인, 숏컷 디테일	전체 커트 끝선, 무거운 라인 정리	중간 길이·롱 헤어, 레이어 표면, 볼륨 조절
목적	라인 정리, 미세 질감 처리	무게감 제거, 자연스러운 끝 표현	모발량 조절, 흐름·방향성 부여
컷의 느낌	정교하고 깔끔한 마감 느낌	부드러운 끝선, 가벼운 라인	유연한 움직임, 자연스러운 흐름
난이도	쉬움~중간(디테일 중심)	중간	중간~어려움(숙련 필요)

● 클리퍼 헤어커트
  - 전기식 또는 충전식 클리퍼(이발기)를 사용하여 모발의 길이를 일정하게 깎아내는 커트 기법. 주로 숏헤어, 남성 커트, 언더컷, 페이드 등에 사용
  - 주로 네이프(목선), 옆머리, 언더 부분, 페이드 존 등 길이를 짧게 표현

❺ 기타 커트 기법

기법	정의	사용 목적
틴닝 (Thinning)	틴닝가위를 사용해 모량을 줄이는 기법(규칙적으로 모발의 양을 감소시킴)	모량 조절, 부피 감소, 자연스러운 질감 형성
슬리더링 (Slithering)	가위를 열고 닫으며 모발을 미끄러지듯 자르는 기법	부드러운 질감, 자연스러운 층 표현, 볼륨 조절
클리핑 (Clipping)	모발 끝만 소량 잘라 자연스럽고 가벼운 질감을 만드는 기법	무거운 끝 처리, 자연스러운 라인, 볼륨 감소
트리킹 (Tricking)	가위를 세워서 모발을 짧게 톡톡 잘라내어 끝부분에 텍스처를 주는 기법	텍스처 강화, 숱이 많은 부분의 모량 조절
나칭 (Notching)	가위를 깊게 넣어 'V자' 홈을 만들어 불규칙한 질감을 주는 기법	강한 텍스처, 볼륨 감소, 개성 있는 레이어 표현

📋 헤어세팅

헤어세팅의 기초

헤어세팅은 모발형을 만들어 마무리하는 작업

구분	오리지널 세트(Original set)	리세트(Reset)
뜻	젖은 머리를 처음부터 롤·핀 등으로 세팅하는 방법	말린 머리를 다시 재정리하는 세팅 방법
시술 상태	웨트(Wet) 모발	드라이(Dry) 모발
목적	기본 형태·컬을 처음부터 완성	흐트러진 스타일 복구·부분 교정
장점	컬 유지력 좋고 형태가 안정적	짧은 시간에 쉽게 스타일 재정비 가능
사용 도구	롤러, 핀컬, 세팅기 등	브러시, 드라이, 고데기 등

오리지널(Original set) 세트

❶ 헤어파팅(Hair Parting)

- **특징**
  - 헤어파팅은 두발을 나누는 것으로 가르마를 말함
  - 얼굴형이나 헤어 디자인에 따라 다양한 파팅 가능
- **종류**

센터 파트 (Center Part)	• 머리 정중앙을 기준으로 좌우를 1:1로 나누는 기본 파트 • 가장 균형적이고 클래식한 형태
사이드 파트 (Side Part)	• 기준선보다 좌측 또는 우측으로 치우쳐 나누는 파트 • 비대칭 스타일·얼굴형 보정에 효과적
라운드 사이드 파트 (Round Side Part)	• 앞머리에서 옆으로 넘어가는 선을 곡선(라운드) 형태로 나눈 파트 • 부드러운 이미지와 자연스러운 흐름을 만듦
업 다이애거널 파트 (Up Diagonal Part)	• 앞에서 뒤로 갈수록 위쪽으로 기울어진 대각선 형태의 파트 • 볼륨 상승·리프트 효과가 있음
다운 다이애거널 파트 (Down Diagonal Part)	• 앞에서 뒤로 갈수록 아래로 기울어지는 대각선 파트 • 무게감을 주고 떨어지는 선을 강조하는 커트에 적합
스퀘어 파트 (Square Part)	• 네모난(수평·수직) 라인으로 블록을 나누는 파트 • 균일하고 정형화된 커트 구조 만들 때 사용
렉탱귤러 파트 (Rectangular Part)	• 직사각형 형태로 섹션을 나누는 파트. 정밀한 분할 • 위·아래 길이 차 조절, 층 조절에 사용
V형 파트 (V-Part, V-Section)	• 뒤쪽에서 V자 형태로 좁아지게 나누는 파트 • 레이어 및 그라데이션에서 자연스러운 후면 흐름을 만듦
카우릭 파트 (Cowlick Part)	• 모발이 특정 방향으로 비틀려 곤두서는 부분을 중심으로 분리하는 파트 • 카우릭 보정·컨트롤 목적

센터 백 파트 (Center Back Part)	• 후두 중심(백센터)을 기준으로 세로 방향으로 나누는 파트 • 네이프 커트, 균형 중심 조절에 중요
크라운 투 이어 파트 (Crown to Ear Part)	• 크라운에서 귀 방향으로 연결하여 나누는 파트 • 상부·측면 분리 시 기본 라인

❷ 헤어셰이핑(Hair Shaping): 빗질
  • 특징
    - 모발의 방향을 일정하게 정리하여 정확한 와인딩 질서를 만들기 위함
    - 모발의 엉킴을 방지하고 균일한 텐션(장력)을 확보
    - 로드 감기 시 모발 분배를 규칙적이고 정돈된 상태로 유지
    - 시술 후 웨이브 모양을 일정하고 자연스럽게 형성하도록 도움
    - 모발의 과도한 굴절·꼬임을 방지하여 약액 침투를 고르게 함
    - 헤어셰이핑의 각도는 모발의 볼륨과 방향을 정함
  • 종류

업셰이핑(Up Shaping)	모발을 위로 올려 볼륨을 만들고 높은 형태를 만듦
다운셰이핑(Down Shaping)	모발을 아래로 자연스럽게 눕혀 차분하고 안정된 형태를 만듦

❸ 헤어컬링(Hair Curling)
  • 정의
    헤어컬링은 한 묶음의 두발이 고리 모양이나 소용돌이 모양을 이루며 말린 것
  • 목적
    - 웨이브(Wave) 만들기
    - 플러프(Fluff), 플랩(Flap) 만들기(머리끝의 변화를 줌)
    - 볼륨(Volume) 만들기
  • 컬의 명칭

루프(Loop)	컬의 둥글게 말린 중심 부분
베이스(Base)	컬을 만드는 근원부로 두피에 붙는 부분
스템(Stem)	베이스와 루프를 연결하는 모발의 기둥 부분
엔드오브 컬(End-of Curl)	모발 끝에 형성되는 컬 부분으로 끝 컬 형태

  • 컬의 구성요소

베이스(Base)	두피와 가장 가까운 부분으로 컬의 위치와 방향을 결정함
스템(Stem)	베이스와 루프(서클)를 연결하는 부분으로 컬의 각도와 움직임을 좌우함
서클(루프, Circle/Loop)	실제로 둥글게 말려 형성되는 컬의 핵심 부분으로 컬의 크기와 형태를 결정함

● 베이스
  - 정의: 컬 스트랜드의 근원에 해당되는 부분
  - 모양에 따른 베이스 종류

스퀘어 베이스 (Square Base)	• 사각형 형태로 가장 기본적인 베이스 • 대부분의 와인딩에서 안정적이며 균일한 컬을 형성
오블롱 베이스 (Oblong Base)	• 길쭉한 타원형 베이스 • 부드럽고 자연스러운 웨이브 형태를 만들 때 사용
아크 베이스 (Arc Base)	• 곡선 형태의 반원형 베이스 • 롤러나 커브형 컬에 적합하며, 자연스러운 흐름과 연결감을 제공
트라이앵글 베이스 (Triangle Base)	• 삼각형 형태의 베이스 • 크라운·프런트 등 분산 방지와 볼륨 조절이 필요한 부분에 사용

  - 각도에 따른 베이스 종류

온베이스 (On Base)	• 모발을 90도 이상 들어 올려 베이스 중심에 감는 방식 • 최대 볼륨 형성
하프 오프베이스 (Half Off Base)	• 모발을 약 45도 들어 올려 베이스 절반 지점에 감는 방식 • 중간 볼륨, 자연스러운 컬 형성
오프베이스 (Off Base)	• 모발을 0도 또는 낮은 각도로 내려서 베이스 밖에 감는 방식 • 볼륨이 거의 없는 플랫한 컬 형성
트위스트 베이스 (Twist Base)	• 모발을 비틀어 감는 방식으로, 베이스 방향 제한 없이 돌려서 와인딩 • 부드러운 웨이브나 자연스러운 텍스처 연출에 사용

● 스템(Stem)
  - 정의: 베이스와 루프(컬)를 연결하는 모발의 기둥 부분으로, 컬의 움직임·볼륨을 결정함
  - 종류

논스템(Non-Stem)	스템이 거의 없으며 베이스 바로 위에서 컬이 시작됨 ⇨ 볼륨 거의 없음
하프스템(Half-Stem)	스템이 절반 정도 세워져 자연스러운 컬과 적당한 볼륨과 움직임이 형성됨
풀스템(Full-Stem)	스템이 완전히 들어 올려져 베이스를 벗어난 위치에서 컬이 시작됨 ⇨ 가장 큰 볼륨과 움직임이 형성됨

● 컬(Curl)
  - 종류

스탠드업 컬 (Stand-Up Curl)	모발을 세워서(수직 방향) 와인딩하여 강한 볼륨과 높이를 만드는 컬로, 특히 정수리·탑 부분에서 사용	
	포워드 (Forward)	컬이 얼굴 방향으로 떨어지도록 말아 앞쪽으로 흐르는 컬을 만듦
	리버스 (Reverse)	컬이 뒤쪽 방향으로 흐르도록 말아 뒤로 자연스럽게 넘어가는 컬을 만듦

플랫 컬 (Flat Curl)	모발을 두피에 밀착시켜 평평하게 말아주는 컬로, 볼륨 없이 밀착된 웨이브·컬을 만들 때 사용	
	스컬프처 컬 (Sculpture Curl)	• 손으로 빗질하며 조각하듯 두피에 밀착해 만드는 정교한 핑거웨이브형 컬 • 모발 끝으로 갈수록 웨이브가 좁아짐
	핀컬 (Pin Curl)	• 핀(클립)을 사용하여 두피에 고정하는 플랫 컬로 컬러 세트나 기본 웨이브 형성에 많이 사용됨 • 모발 끝으로 갈수록 웨이브가 넓어짐 • 메이폴 컬(Maypole Curl)이라고도 함
리프트 컬 (Lift Curl)	• 루프가 두피에 대해 45도 경사지게 세워진 컬 • 스탠드업 컬과 플랫 컬을 연결할 때 주로 사용	
바레루(바렐) 컬	• 두발을 말아서 원통형으로 와인딩하고 핀고정 • 후두부의 중앙부위에 많이 사용	

- 컬의 방향에 따른 분류

C컬	CC컬
• 클록와이즈 와인드 컬 (Clockwise Wind Curl) • 시계방향으로 말리는 컬	• 카운터 클록와이즈 와인드 컬 (Counterclockwise Wind Curl) • 시계의 반대방향으로 말리는 컬

- 귀바퀴 방향에 따른 분류: 스탠드업 컬의 포워드/리버스 컬과 동일

❹ 컬 피닝(Curl Pinning)
  • 고정방법

고정방법	정의	특징	적용 시
사선 고정 (Diagonal Pinning)	핀을 45도 정도의 사선 방향으로 넣어 컬을 고정	컬 흐름이 자연스럽고, 볼륨감을 부드럽게 조정할 수 있음	자연스러운 웨이브 방향 연출, 사이드 방향 흐름 강조
수평 고정 (Horizontal Pinning)	핀을 바닥과 평행한 수평 방향으로 넣어 컬을 고정	컬 모양이 가장 안정적이며, 흐트러짐이 적고 단단하게 고정	정확한 컬 모양 유지, 강한 고정력 필요할 때
교차 고정 (Cross Pinning)	두 개의 핀을 X자 모양으로 교차시켜 고정	고정력이 가장 강하며, 컬이 풀릴 위험이 거의 없음	무거운 컬, 두꺼운 모발, 장시간 유지해야 할 스타일

  • 컬의 종류에 따른 피닝

컬 종류	정의	피닝(고정) 방법	특징
스탠드업 컬 (Stand-up Curl)	베이스에서 컬이 수직으로 세워지도록 형성한 컬 기법	핀을 베이스 뒤쪽 또는 양옆에서 지지하여 컬이 위로 서도록 고정됨	강한 볼륨, 뿌리 리프트가 확실하게 생김
핀컬(Pin Curl)	손가락으로 컬을 만든 후 핀으로 고정하는 기본 컬 기법	컬을 납작하게 눕혀 U핀·더블프롱핀으로 고정	자연스러운 웨이브, 방향성 부여 쉬움

❺ 롤러 컬(Roller curl)
- 정의

  롤러를 이용하여 모발을 감아 규칙적이고 탄력 있는 컬 또는 볼륨을 형성하는 기법(컬의 크기, 볼륨, 방향은 베이스·스템·롤러 크기에 의해 결정)

- 종류

스템 종류	정의	특징	효과
논스템(Non-Stem)	베이스에서 거의 당기지 않고 바로 롤러를 말아 스템이 거의 없는 상태	가장 강한 컬, 베이스에 밀착	뿌리 볼륨 매우 강함, 탄력 높은 컬
하프스템(Half-Stem)	베이스에서 1/2 정도 들어 올려 말아 스템이 절반 길이로 형성	컬과 볼륨이 균형적	자연스러운 볼륨과 컬 형태
롱스템(Long-Stem)	베이스에서 길게 들어 올려 스템 길이가 긴 상태에서 말아 형성	컬은 약하지만 스템이 길어 움직임이 많음	부드러운 웨이브, 자연스러운 방향성 연출

- 와인딩 방법

와인딩 방식	정의	특징	장점
모발 끝을 모으지 않고 롤러 폭만큼 펴서 와인딩	모발 끝을 넓게 펼쳐 롤러의 폭 전체에 고르게 분포시켜 감는 방법	모발이 고르게 퍼져 일정한 두께로 말림	컬 모양 안정적, 끝이 깔끔하게 말림, 불규칙한 라인 방지
모발 끝을 모아서 와인딩	모발 끝을 한 점으로 모아 말기 시작하는 방법	끝부분이 한 지점에서 시작되어 두께가 점점 굵어지는 구조	빠르게 말기 용이, 짧은 모발에도 적용 쉬움

❻ 헤어 웨이빙
- 웨이브의 명칭

명칭	정의	특징
크레스트(Crest)	웨이브에서 가장 높은 부분, 즉 물결의 꼭대기	볼륨이 가장 크고 빛 반사(하이라이트)가 강하게 나타남
리지(Ridge)	두 개의 웨이브가 만나는 구불거리는 선 형태의 봉우리 부분	웨이브가 형성되는 경계선이며 웨이브의 흐름을 결정
트로프(Trough)	웨이브에서 가장 낮은 부분, 크레스트 아래의 골	딤(음영)이 생기며 웨이브 깊이감을 나타내는 영역

- 웨이브의 형상에 따른 구분

웨이브 종류	정의·형상	특징
내로우 웨이브 (Narrow Wave)	웨이브 폭이 좁고 촘촘하게 형성	강한 움직임, 탄력 있는 컬, 뚜렷한 웨이브 표현

와이드 웨이브 (Wide Wave)	웨이브 폭이 넓고 부드러운 곡선으로 형성	자연스러운 흐름, 부드럽고 느슨한 웨이브 연출
섀도 웨이브 (Shadow Wave)	웨이브 깊이가 얕고 그림자처럼 은은하게 형성	볼륨은 적고 자연스러운 음영 효과, 약한 웨이브
프리즈 웨이브 (Frizz Wave)	매우 잔잔하고 작은 물결을 여러 겹 형성	경미한 퍼짐·부시시한 표현, 질감 강조, 텍스처 효과

- 웨이브 형성 방향

웨이브 방향	정의	특징
버티컬 웨이브 (Vertical Wave)	롤러·로드를 수직 방향으로 적용해 형성 하는 웨이브	세로 흐름, 길게 떨어지는 라인, 슬림하고 자연스러운 웨이브 연출
호리존탈 웨이브 (Horizontal Wave)	롤러·로드를 수평 방향으로 적용해 형성 하는 웨이브	볼륨감 증가, 웨이브가 크게 표현됨, 클래 식한 웨이브 연출
다이애거널 웨이브 (Diagonal Wave)	롤러·로드를 사선 방향으로 적용해 형성 하는 웨이브	부드러운 흐름, 자연스러운 움직임, 방향성 있는 웨이브 표현

❼ 핀컬 웨이빙

- 정의
  - 빗과 손가락을 사용하여 젖은 모발에 S자 형태의 웨이브를 두피에 밀착되게 만드는 전통적인 헤어
    세팅 기법
  - 클래식하고 단정한 스타일 연출에 적합
- 종류

리지컬 (Ridge curl)	• 핀컬을 연속 배치 • 웨이브가 뚜렷함 • 강하고 선명한 웨이브
스킵 웨이브 (Skip Wave)	• 핀컬을 건너 배치 • 웨이브가 부드러움 • 자연스러운 웨이브

- 웨이브 모양에 따른 분류

하이 웨이브(High wave)	웨이브가 위쪽에 형성되어 볼륨이 크고 경쾌한 느낌
로우 웨이브(Low wave)	웨이브가 아래쪽에 형성되어 차분하고 안정된 느낌
덜 웨이브(Dull wave)	웨이브가 약하고 부드러워 자연스러운 느낌
스윙 웨이브(Swing wave)	웨이브가 좌우로 움직이며 리듬감 있고 경쾌한 느낌
스월 웨이브(Swirl wave)	소용돌이 형태로 회전감이 강한 느낌

❽ 마셀 웨이브(Marcel Wave)

- 정의
  - 마셀 아이론을 사용하여 열과 손기술로 S자 형태의 웨이브를 만드는 전통적인 열 웨이브 기법

- 특징
  - 아이론(마셀 아이론)을 사용한 히트 웨이브
  - 물결 모양의 S자 웨이브 형성
  - 광택이 있고 정돈된 느낌
  - 지속성은 비교적 짧음
  - 숙련된 기술 필요
- 마셀 웨이브 시 아이론의 방향

안말음	안쪽, 차분함
바깥말음	바깥쪽, 화려함

- 마셀 웨이브의 와인딩법

스파이럴식	나선형, 탄력감
크로키롤식	평행 말기, S자 물결

리세트 및 앞, 뒷머리 장식

① 뱅과 엔드 플러프
- 뱅(Bang)
  - 정의

    애교머리라고 하며 앞머리로 만드는 스타일
  - 종류

웨이브 뱅	웨이브를 주어 부드럽고 여성스러운 인상
롤 뱅	롤로 말아 볼륨을 살린 뱅으로 귀엽고 발랄한 느낌
플러프 뱅	공기를 넣은 듯 가볍고 풍성한 뱅으로 자연스러운 볼륨
프린지 뱅	숱을 얇게 내린 뱅으로 가볍고 세련된 인상
프렌치 뱅	눈썹선 정도의 길이로 자연스럽게 떨어지는 뱅, 내추럴한 분위기

- 엔드 플러프(End fluff)
  - 정의

    플러프 뱅에 속하며, 모발 끝의 웨이브 모양이 너풀거리게 만드는 느낌이 들도록 표현
  - 종류

덕 테일 플러프 (Duck tail fluff)	모발 끝을 중앙으로 모아 오리 꼬리처럼 표현, 남성적이고 클래식한 느낌
라운드 플러프 (Round fluff)	모발 끝을 둥글게 말아 부드럽고 자연스러운 볼륨 표현
레이지 보이 플러프 (Lazy boy fluff)	모발 끝을 느슨하게 정리하여 편안하고 캐주얼한 분위기 연출

❷ 리세트(Reset, 콤아웃)

  ● 정의

    오리지널 세팅을 다시 손질하여 원하는 스타일을 만들고, 지속성을 갖도록 헤어스타일을 완성하는
    마무리 작업

  ● 종류

브러싱(Brushing)	브러시를 사용해 모발 결을 정돈하며 형태와 볼륨을 조절
코밍(Combing)	빗으로 모발을 정리하여 방향과 라인을 정확하게 표현
백코밍(Back combing)	모발을 안쪽으로 빗어 넣어 뿌리 볼륨과 고정력을 높임

📋 헤어펌

▶ 퍼머넌트 웨이브의 기초

❶ 역사

시대/인물	시기	주요 업적·내용	핵심 포인트
고대 이집트	기원전	태양열을 이용해 머리를 감아 웨이브를 형성	퍼머의 가장 원시적 형태, 자연열 이용
마셀 그랑토우 (Marcel Grateau)	1872년	마셀 아이론을 발명하여 마셀 웨이브 (열을 이용한 웨이브)를 창시	최초의 열 웨이브 아이론 발명
찰스 네슬러 (Charles Nessler)	1905년	최초의 화학 퍼머(콜드 퍼머 전 단계) 개발, 고온·알칼리 사용	현대 퍼머의 기초를 세운 인물
죠셉 메이어 (Joseph Mayer)	1924년	전기식 열 퍼머기(Electric permanent wave machine) 개발	대형 기계를 이용한 초기 기계식 퍼머
J.B. 스피크먼 (J. B. Speekman)	1930년대	콜드 퍼머(COLD WAVE) 개발 ⇨ 열 없이도 가능한 화학 퍼머 완성	현재 퍼머 방식의 기반 확립

❷ 종류

히트 퍼머넌트 웨이브 (Heat Permanent Wave)	• 기계식 퍼머, 열퍼머 • 열(고온)과 약제를 함께 사용해 웨이브 형성하며, 전기 퍼머기, 히팅 기계, 금속 로드를 사용함 • 네슬러, 죠셉 메이어의 기계식 퍼머가 기원 • 고온 처리로 시술 시간이 길고 모발 손상 위험이 큼 • 강한 웨이브 형성이 가능하나 장비가 복잡하고 손상이 심하여 현재는 거의 사용되지 않음
콜드 퍼머넌트 웨이브 (Cold Permanent Wave)	• 화학 퍼머, 콜드 웨이브 • 화학 반응만으로 웨이브를 형성하며, 플라스틱 로드와 펌제 1제·2제를 사용함 • J.B. 스피크먼의 콜드 웨이브가 기원 • 시술 시간이 짧고 관리가 용이하며 자연스러운 웨이브 연출이 가능함 • 현대 퍼머넌트의 기본이자 주류 방식으로, 염색·손상 모발에도 적용 가능하나 웨이브 탄력은 히트 퍼머보다 약할 수 있음

❸ 퍼머넌트 웨이브의 원리

1제(환원제)의 원리	• 모발 속 이황화결합(S–S 결합)을 끊어 모발 구조를 부드럽게 열어주는 역할
	• 새 모양(컬)을 만들 수 있는 상태로 변화시킴
2제(산화제)의 원리	• 1제에 의해 끊어진 이황화결합을 다시 연결(산화)시킴
	• 로드에 감긴 상태의 웨이브를 고정(정착)

☑ 더 알아보기

모발의 구성

• 케라틴(Keratin)이라는 경단백질로 구성
• 시스틴(Cystine)은 황을 함유
• 케라틴은 각종 아미노산들이 펩타이드 결합(쇠사슬 구조)
• 폴리펩타이드 구조는 두발의 탄력성을 유지시켜 줌

베이직 헤어펌(콜드 퍼머넌트 웨이브)

❶ 콜드 퍼머넌트 웨이브(Cold Permanent Wave)
• 열(Heat)을 사용하지 않고, 화학약품의 작용만으로 모발에 웨이브(컬)를 형성
• 현대 미용실에서 가장 널리 사용되는 기본적인 펌
• 환원제(1제)와 산화제(2제)의 화학 반응만으로 모발의 결합을 끊고 다시 재결합시켜 형태를 만듦

❷ 콜드 퍼머넌트 웨이브의 종류
• 1욕실(일욕실)
  - 1제(환원제)와 2제(산화제)가 한꺼번에 들어 있는 약제
  - 바르는 것만으로 웨이브 형성과 정착이 동시에 진행됨
  - 작업은 빠르지만 웨이브의 탄력·지속력은 약함
  - 무스펌, 크림펌 일부 간편식 펌제
• 2욕실(이욕실)
  - 오늘날 대부분의 일반펌이 사용하는 방식
  - 1제(환원)와 2제(산화)가 분리되어 있음 ⇨ 두 가지 약제를 따로 사용해야 함
  - 웨이브가 선명하고 탄력적이며, 지속력이 뛰어남
  - 모발 상태에 따라 약제 조절 가능
  - 종류

산성 2욕식	pH 6.5~7 정도의 약한 산성 약제 사용하며, 손상모나 가는 모발에 적합. 컬이 부드럽고 자연스러움
알칼리성 2욕식 (일반펌)	pH 8~9 정도로 가장 흔하게 사용되는 일반 펌 방식. 탄력 있고 강한 웨이브를 형성하며 건강모에 적합
티오글리콜산계 2욕식	가장 대표적 콜드펌 1제로, 모발 결합을 빠르게 환원시키며 선명한 컬을 형성
시스테인계 2욕식	손상모·연약모 전용으로, 부드럽고 자연스러운 웨이브를 형성하고 냄새가 적음

암모늄티오글리콜레이트 방식	대표적인 일반펌 방식으로, 안정적이며 웨이브 탄력이 좋음
브롬산계 2제 사용 방식	가장 표준적인 산화 방식으로 끊어진 S-S 결합을 다시 연결하여 웨이브를 정착시킴

❸ 콜드 퍼머넌트 약품

구분	역할(기능)	작용 원리	특징
1제 (환원제)	모발의 구조를 풀어 웨이브가 만들어질 수 있게 준비	모발 내부 S-S 결합을 끊어 모양을 바꿀 수 있게 함	연화·웜 처리 단계로 컬의 굵기·강도 결정
2제 (산화제)	끊어진 구조를 다시 고정해 웨이브를 정착	끊어진 S-S 결합을 재결합시켜 새로운 형태를 고정	웨이브의 지속력·탄력 결정하는 마무리 단계

콜드 퍼머넌트 웨이브의 시술

❶ 두피와 모발의 진단
정확한 진단은 프로세싱 타임 설정, 로드 및 약액 선택, 사전처리의 필요성 등을 결정하는 기준이 됨
● 두피와 모발의 상태

구분	특징	시술 시 주의점	퍼머 반응
다공성모 (Porous Hair)	• 큐티클 손상이 많음 • 약제 흡수가 빠름 • 건조하고 부스스함	• 약한 환원제 사용 • 연화 시간 짧게 조절 • 트리트먼트 보충 필요	퍼머가 빠르게 걸리며 손상도 큼
발수성모 (Resistant Hair)	• 큐티클이 단단함 • 약제 침투가 어려움 • 건강한 버진 모발	• 강한 환원제 사용 가능 • 연화 시간 길게 조절 • 패널테스트(스트랜드 테스트) 필요	퍼머가 잘 걸리지 않아 연화 시간이 오래 걸림

● 모발의 질
- 모발의 직경에 따라: 굵은 모발, 보통 모발, 가는 모발
- 모발의 감촉에 따라: 거친 모발, 부드러운 모발
● 모발의 신축성
- 모발의 늘어나고 줄어드는 성질
- 신축성이 좋은 모발은 웨이브가 오래 지속됨
- 신축성이 나쁜 모발은 직경이 작은 로드 사용
● 모발의 밀질도
- 과밀한 모발: 모발의 굵기가 두꺼움. 블로킹을 작게 하고 직경이 큰 로드를 사용
- 소밀한 모발: 모발의 굵기가 가늚. 블로킹을 크게 하고 직경이 작은 로드를 사용
❷ 전처리
● 목적
- 두피·모발을 깨끗하게 하여 약액이 잘 작용하도록 하기 위함

- 모발 상태(수분·손상도)를 균일하게 맞춰 시술 효과를 높이기 위함
- 약액으로 인한 손상이나 자극을 줄이기 위함
- 와인딩이나 펌 시술이 정확하고 안전하게 진행되도록 준비하기 위함

- 종류

구분	내용	목적(이유)
전처리 (Pre-treatment)	시술 전 모발·두피 상태 점검 및 불순물 제거, 컨디션 조절	• 두피·모발의 청결 유지 • 약액의 침투 균일화 • 손상 예방 및 시술 효과 향상
헤어샴푸잉 (Shampooing)	약액 도포 전 잔여물·오염 제거	• 두피와 모발의 불순물 제거 • 약액이 골고루 반응하도록 환경 조성
타월드라이 (Towel Dry)	샴푸 후 수분을 타월로 흡수하여 적절한 습도 유지	• 모발의 수분 조절 • 과도한 물기를 제거해 약액 희석 방지 • 시술 시 작업성 향상
셰이핑 (Shaping)	모발을 정돈하고 균일한 방향으로 배치하여 와인딩 준비	• 와인딩의 정확성 확보 • 모발을 일정하게 정리하여 균일한 컬 형성

❸ 웨이브 프로세싱
- 블로킹(Blocking): 두발의 구분
  - 로드를 말기 쉽도록 모발을 필요한 크기대로 구분하여 구획을 나누는 것
  - 블로킹의 크기는 로드의 크기, 모발의 질, 모발의 밀집도 등에 의해 결정
  - 일반적으로 모발은 크게 10-9등분으로 나눔
- 와인딩 시 주의사항
  - 모발 장력(힘) 일정하게 유지하기 ⇨ 너무 세게 당기면 손상, 너무 약하면 컬 불균형
  - 모발을 고르게 정돈 후 말기 ⇨ 비틀림, 접힘 없이 깨끗하게 정렬해야 일정한 컬 형성
  - 적절한 모량(섹션 두께) 취하기 ⇨ 너무 많으면 약액 침투 불량, 너무 적으면 약손상 가능
  - 두피와 로드의 간격 유지하기 ⇨ 로드를 두피에 밀착하면 화학적·열적 자극 위험
  - 로드의 크기와 모발 길이에 맞춰 선택하기 ⇨ 길이에 비해 큰 로드는 컬이 약하며, 작은 로드는 과컬을 형성
  - 수평·수직 각도 일정하게 유지하기 ⇨ 와인딩 방향·각도는 스타일과 컬의 균형을 결정
  - 밴드 위치 올바르게 고정하기 ⇨ 로드 중심을 누르는 형태로 고정해야 자국 방지
  - 약액 도포는 고르게, 충분히 하기 ⇨ 미도포 구역 없이 전체 균일 적용
- 와인딩 시 계산법
  - 로드의 둘레 = 로드의 지름 × 3.14
  - 로드의 길이 = 로드의 둘레 × 로드의 바퀴수(1cm × 3.14 = 3.14cm)
    - 예 C컬 = 3.14cm × 1바퀴 = 3.14cm
      S컬 = 3.14cm × 2바퀴 = 6.28cm

● 와인딩 마는 방법

구분	방식	특징	모발 길이/사용 목적
클로키롤식 (Crocky Roll)	모발 끝에서 중심을 향해 차곡차곡 접듯이 마는 방식	• 끝이 정리 잘 됨 • 짧은 모발도 와인딩 가능 • 균일한 컬 형성	숏헤어·짧은 구간
스파이럴식 (Spiral)	모발을 나선형으로 길게 감아 올리는 방식	• S자 웨이브 강조 • 길게 떨어지는 웨이브 • 컬 흐름이 자연스러움	롱헤어·미디엄 헤어
압축 와인딩식 (Compression)	모발을 강하게 밀어넣어 압축하면서 마는 방식	• 탄력 강한 컬 • 촘촘한 웨이브 • 볼륨 효과 큼	가는 모·탄력 필요한 스타일

● 와인딩 시 섹션

구분	특징	활용 효과	주로 사용하는 부위
가로 와인딩 (Horizontal)	로드를 가로 방향으로 말음	• 볼륨 형성 용이 • 컬이 안정적 • 초보자에게 쉬움	정수리, 백, 탑 등 볼륨 필요한 부위
세로 와인딩 (Vertical)	로드를 세로 방향으로 말음	• 자연스러운 웨이브 • 길게 떨어지는 S컬 형성 • 움직임 많음	사이드, 네이프, 긴 머리
사선 와인딩 (Diagonal)	로드를 비스듬한($45°$) 방향으로 말음	• 부드러운 흐름 • 컬 연결이 자연스러움 • 층 있는 스타일에 적합	층진 헤어, 얼굴 주변, 디자인 퍼머

● 와인딩의 굵기에 따른 웨이브 특징

섀도우 웨이브	고저가 뚜렷하지 못한 느슨한 웨이브
와이드 웨이브	고저가 뚜렷한 웨이브
프리즈 웨이브	모근 부분은 느슨하고 머리끝은 웨이브가 강한 웨이브
내로우 웨이브	웨이브 폭이 좁고 작은 웨이브

● 와인딩의 각도
와인딩 각도는 두상의 볼륨을 살리고 다운시키는데 필요한 요소

베이스 포지션	패널(모발) 각도	롤러·로드 위치	특징 및 효과
온베이스 (On-base)	$90°$ 이상($135°$ 부근)으로 들어 올림	베이스 중앙에 위치	• 모근 볼륨 최대 • 컬의 시작점이 높음 • 탄력 있는 웨이브
하프 오프베이스 (Half off-base)	약 $90°$로 들어 올림	베이스 경계선에 걸쳐 절반만 위치	• 모근 볼륨 중간 • 가장 자연스러움 • 표준 와인딩에서 많이 사용

오프베이스 (Off-base)	45° 이하로 낮게 들어 올림	베이스 뒤쪽(베이스 밖)에 위치	• 모근 볼륨 최소 • 루트리프트 거의 없음 • 자연스럽고 흐르는 웨이브

- 와인딩의 직경

  모발의 로드 굵기의 몇 배로 감기는가를 말하며, 직경에 따라 컬의 강도, 탄력, 웨이브 크기가 결정됨

1직경 베이스	• 로드의 지름 + 로드 길이 • 펌디자인에서 가장 많이 사용
1.5직경 베이스	• 로드의 지름 + 로드 길이 • 로드 1개의 지름과 반지름을 더함
2직경 베이스	• 로드의 지름 + 로드 길이 • 로드 2개의 지름 베이스를 말함

☑️ **더** 알아보기

비닐캡의 주요 역할

산화방지, 온도유지, 제1액의 작용 활성화

- 테스트 컬
  - 정확한 프로세싱 타임을 결정하고 웨이브의 형성 정도를 조사하는 방법
  - 테스트 컬은 제1액을 바르고 10~15분 후에 함
- 중간린스(플레인 린스) 역할과 2제 도포
  - 중간린스는 잔여 환원제 제거, 모발 ph 안정화, 모발 온도, 수분 조절, 컬의 균일성 향상을 위함
  - 2제는 끊어진 시스틴 결합을 다시 연결하여 웨이브를 고정하는 단계

❹ 후처리

퍼머넌트 웨이브 과정이 끝난 후 오리지널 세트나 드라잉, 또는 콤아웃 등의 헤어세팅을 하는 단계

❺ 퍼머넌트 웨이브 끝이 자지러지는 이유

- 모발 끝 건조ㆍ손상
- 와인딩 긴장감 불균형
- 종이(앤드페이퍼) 미사용 또는 잘못 사용
- 과다 환원(1제 과작용)
- 모발 길이와 로드 직경 불균형
- 모발 끝 방향 정리가 안된 상태에서 와인딩
- 중화(2제) 불균일 도포

❻ 퍼머넌트 웨이브가 잘 나오지 않는 이유

- 너무 손상되어 약이 과작용
- 큐티클이 치밀해 약액 흡수가 어려움
- 모발 강도가 높아 연화가 잘 안 됨
- S-S 결합이 충분히 끊어지지 않아 컬이 약하게 나옴

- 부분적으로 덜 연화되어 컬이 일정하지 않음
- 모질과 맞지 않는 강도 사용
- 와인딩이 느슨하면 약액 침투 및 컬 형성이 잘 안 됨
- 작용 시간이 너무 짧거나 길면 웨이브력이 떨어짐

🔸 매직 스트레이트 헤어펌

❶ 매직 스트레이트 헤어펌
- 곱슬머리(컬, 푸석함, 부스스함)를 펴서 매끈하고 차분한 스트레이트 헤어로 만드는 시술로, 일종의 스트레이트 펌
- 1제(연화제)로 모발 구조를 풀어주고, 열(고데기)로 모발을 스트레이트 형태로 재배열한 뒤 2제(중화제)로 그 모양을 고정하는 방식

❷ 아이론
- 정의
  - 열을 이용해 모발을 펴거나(스트레이트) 말아 웨이브를 만드는 전기 헤어기구
  - 스트레이트, 컬 생성, 볼륨 조절, 모발 모양 교정
  - 고온의 열판으로 모발의 수소결합을 일시적으로 변화시켜 원하는 스타일을 만듦
- 종류

종류	형태	특징	사용 목적
볼륨 아이론	작은 판 or U자형 구조	• 뿌리 볼륨 전용 • 모발 안쪽에 텍스처 형성 • 자연스럽게 기둥처럼 볼륨 유지	죽은 뿌리 보완, 볼륨 살리기
플랫 아이론 (판 아이론)	양쪽이 평평한 판	• 모발을 곧게 펴는 데 최적화 • 열 분포가 일정 • 윤기, 깔끔함 연출	매직 스트레이트, 차분한 스타일
삼각 아이론	삼각형 봉(3면 구조)	• 각진 컬·텍스처 연출 • 일반 컬보다 선명하고 방향감 강함 • 볼륨 + 컬 동시에 표현 가능	개성 있는 컬, 믹스 웨이브, 텍스처 강조

❸ 매직 스트레이트 헤어펌의 시술

두피·모발 진단	• 모발 굵기, 손상도, 탄력, 다공성 체크 • 두피 민감도, 상처 여부 확인 • 손상모는 약제 선택과 시간 조절이 매우 중요
전처리	• 손상모 ⇨ 단백질, 수분 전처리제 도포 • 건강모 ⇨ 최소 전처리 또는 생략 • 목적: 모발 보호 및 약제 반응 균일

1제(스트레이트 크림) 도포	• 두피 0.5~1cm 띄우고 도포 • 뿌리 ⇨ 건강모 ⇨ 손상모 순서 • 시간 체크: 모질에 따라 자연방치 • 체크 방법: 모발이 부드럽고 늘어나는 연화 상태 확인
중간 처리 (헹굼)	• 1제를 깨끗하게 80~90% 헹굼 • 잔여 약제가 남지 않도록 충분히 헹궈야 모발 손상 방지 • 타월드라이로 수분 제거 후 드라이 70~80% 건조
아이론 작업 (매직 작업)	• 분할(블로킹) 후 아이론 • 온도: 일반 150~180℃ / 손상모 130~150℃ • 섹션은 얇게 작업 • 아이론을 과하게 누르거나 굽히면 '꺾임' 발생 • 목적: 모발을 완전히 스트레이트 형태로 펴는 과정
2제(산화제) 도포	• 아이론 후 모발 형태 고정 • 산화 반응을 통해 끊어진 결합을 다시 형성 • 도포 후 방치(10~15분) • 결합 복원 ⇨ 스트레이트 고정
마무리 헹굼	• 2제를 깨끗하게 헹굼 • 트리트먼트 도포 후 가볍게 헹구기 • 수건 건조 후 드라이 스타일링

📑 헤어 컬러링

▶ 염색의 기초

❶ 염색의 역사

고대	식물·광물성 염료 사용(헤나, 인디고 등)
중세	천연 염료 중심, 계층·신분 표현 수단
근대	화학 염료 개발로 색상 다양화
현대	산화염모제 중심, 기능성·패션 컬러 발전

❷ 염색의 목적

- 백모(흰머리) 커버
- 모발 색상 변화 및 이미지 연출
- 개성·유행 표현
- 헤어스타일 완성도 향상

❸ 염색의 구분

헤어 다이(Hair Dye)	모발 내부까지 색소가 침투하는 염색으로, 색상 변화가 크고 지속력이 있음
헤어 틴트(Hair Tint)	모발 표면에 색을 입히는 염색으로, 색 변화는 적고 비교적 일시적
다이 터치 업(Dye Touch-up)	새로 자란 모발이나 퇴색된 부분만 부분적으로 보색·보완하는 염색

❹ 염색작업의 기본조건
- 온도: 바람 없이 22~30℃
- 염색 시간

모발 상태	염색 시간	특징
손상모	짧게	큐티클 손상으로 약 흡수가 빨라 과도 염색 주의
정상모	표준	염색약 반응이 균일하여 기준 시간 적용
발수성모	길게	약 흡수가 어려워 충분한 방치 시간 필요

- 헤어스티머나 스팀타올 준비

염색의 시술 방법

❶ 염색 시술의 기본 순서

상담 및 진단	두피·모발 상태, 기존 색상, 손상도 확인
피부 테스트	알레르기 반응 여부 확인
전처리 및 보호	두피 보호제 도포, 의복·피부 보호
약제 조제	색상 선택 후 비율에 맞게 혼합
염색 도포	모발 상태에 따라 순서·부위별 도포
방치 시간 관리	모발 상태에 맞게 시간 조절
유화 및 헹굼	색 균일화 후 충분히 세정
샴푸·트리트먼트	잔여 약 제거 및 모발 보호
건조 및 마무리	색상 확인 후 스타일링

❷ 사전테스트

패치 테스트 (Patch Test)	• 알레르기 반응 여부 확인이 목적 • 피부를 대상으로 함 • 귀 뒤·팔 안쪽에 약제 소량 도포 • 발적, 가려움, 부기 등 확인 • 염색 24~48시간 전 실시 • 안전을 위한 필수 테스트
스트랜드 테스트 (Strand Test)	• 염색 결과 색상 및 반응 확인이 목적 • 모발을 대상으로 함 • 모발 한 가닥에 약제 도포 • 발색, 색 변화, 손상 정도 확인 • 염색 전 또는 시술 직전 실시 • 색 실패 예방을 위한 테스트

❸ 염색 시 주의사항

사전 테스트	패치 테스트·스트랜드 테스트를 반드시 실시
두피 상태	상처, 염증, 질환이 있는 경우 염색 금지
약제 선택	모발 상태(손상모·정상모)에 맞는 염모제 사용
약제 조제	정해진 비율과 방법을 정확히 준수
염색 시간	과다 방치 시 모발 손상 및 색상 변화 발생
도포 순서	신생모·백모·발색이 느린 부위부터 도포
온도 관리	과도한 열 사용은 색 번짐·손상 유발
보호 조치	피부 보호제 사용, 귀·이마 보호
혼합 금지	서로 다른 약제 임의 혼합 금지
세척 관리	충분히 헹군 후 잔여 약제 완전 제거

염모제의 종류

❶ 일시적(Temporary) 염모제
- 정의

  염색제 분자의 크기가 커서 모발 표면에만 착색되는 염료
- 종류

컬러린스(Color Rinse)	모발 표면에 색소를 부착시키는 방식으로 샴푸 1~2회로 쉽게 제거됨
컬러파우더(Color Powder)	분말 형태로 모발에 가볍게 묻혀 사용하는 방식, 질감 표현 및 포인트 연출에 적합
컬러크레용(Color Crayon)	크레용 타입으로 원하는 부분에 직접 색 표현 가능, 부분 염색·디자인 강조용
컬러스프레이(Color Spray)	스프레이 분사 방식으로 빠른 색 변화 가능, 무대·행사용 임시 염색에 사용

❷ 반영구적(Semi-permanent) 염모제
- 정의

  한 번의 샴푸로 씻어지지 않으며, 지속기간 4~6주 정도인 염모제
- 종류

컬러린스 (Color Rinse)	모발 표면과 큐티클 층에 색소가 흡착되어 5~10회 샴푸 후 서서히 퇴색
프로그레시브 샴푸 (Progressive Shampoo)	사용 횟수에 따라 색이 점차 진해지는 염모 샴푸
산성산화염모제 (Acid Oxidation Dye)	약산성으로 모발 손상이 적고 자연스러운 색 표현 가능
컬러크림 (Color Cream)	크림 타입으로 사용이 간편하며 색 유지력이 비교적 우수

❸ 영구적(Permanent) 염모제
- 정의

  지속성 염모제라고 하며 모발이 커트되어 잘려나갈 때까지 색상 유지

- 종류

식물성 염모제	천연 식물 성분 사용, 모발 손상이 적으나 색 표현과 지속력은 제한적
금속성 염모제	금속염이 공기와 반응해 착색, 반복 사용 시 색이 점차 진해짐
유기합성 염모제	산화염모제로 모발 내부에서 색 형성, 색 지속력과 표현력이 우수

④ 유기합성 염모제(알칼리 염모제, 산화염모제)
- 알칼리제(암모니아)의 제1액과 산화제(과산화수소)의 제2액으로 구분

| 제1액(알칼리제) | 모발의 큐티클을 열어 염료가 내부로 침투하도록 하며, 색소 전구체와 알칼리 성분이 포함됨 |
| 제2액(산화제) | 과산화수소가 주성분으로 염료를 산화·발색시키고 멜라닌 색소를 분해함 |

- 염색직전에 제1액과 제2액을 혼합 사용. 혼합 시 산화작용이 발생됨
- 산화염료의 종류

파라페닐렌디아민(PPD)	가장 널리 사용되는 산화염료 전구체로 발색력이 우수하며 주로 흑색·갈색 계열 표현에 사용됨
파라트릴렌디아민(PTD)	PPD보다 자극성이 적어 민감성 두피용 제품에 사용되며 갈색 계열 색상 표현이 뛰어남
모노니트로페닐렌디아민	산화 후 황적색 계열을 나타내며 색조 보정 및 색감 조절용 보조 염료로 사용됨

탈색

① 탈색의 기초
- 정의
  모발 속에 존재하는 멜라닌 색소를 화학적으로 분해·제거하여 모발의 색을 밝게 만드는 시술
- 목적
  염색 전 바탕색을 밝게 하여 선명한 색 표현을 가능하게 하고, 고명도·고채도 컬러 연출을 위해 실시

② 탈색의 원리
- 탈색은 산화 작용에 의해 이루어짐
- 산화 과정에서 멜라닌 색소가 분해됨
- 멜라닌 색소의 분해로 모발 색상이 밝아짐
- 염색과 달리 색을 입히는 것이 아니라 색소를 제거함

③ 탈색제의 성분 및 작용

| 제1제(알칼리제) | • 성분: 암모니아수, 모노에탄올아민 등
• 작용: 모발의 pH를 높여 큐티클을 열고, 멜라닌 산화가 잘 일어나도록 환경을 조성 |
| 제2제(산화제) | • 성분: 과산화수소(H_2O_2), 과황산염(과황산암모늄, 과황산나트륨 등)
• 작용: 산소를 방출하여 멜라닌 색소를 산화·분해 ⇨ 모발 색을 점차 밝게 변화 |

❹ 과산화수소 농도와 산소 발생량

농도	산소 발생량	주요 용도
3%	약한 산소 발생	염색 시 색소 발현, 톤다운 염색
6%	중간 산소 발생	염색 + 탈색 병행, 일반적인 탈색 작업
9%	강한 산소 발생	강력한 탈색, 어두운 모발을 밝게 할 때 사용

❺ 탈색의 종류

종류	장점	단점
분말 타입	탈색력 강함, 빠른 작용	자극성 강함, 두피 손상 위험
크림 타입	도포가 쉽고 균일, 자극 적음	탈색력이 분말보다 약함
오일 타입	모발 손상 적고 부드러움	탈색력 가장 약함, 밝은 톤 구현 어려움

❻ 탈색 시 주의사항

피부·두피 안전	• 알레르기 테스트 필수 • 두피에 직접 닿지 않도록 주의, 화상·자극 방지
모발 손상 관리	• 탈색 횟수는 최소화, 연속 탈색 시 손상 심화 • 손상 모발은 오일·단백질 성분 제품 병행
특수 상황	• 철분제 복용 중인 경우 ⇨ 탈색 시 기화 반응으로 모발 손상 위험 • 검은색 염색·새치 커버 이력 ⇨ 탈색 시 얼룩 발생 가능
시술 조건	• 과산화수소 농도(3%, 6%, 9%)에 맞게 사용

색채의 기초

❶ 무채색과 유채색

무채색	색상이 없는 색(흑·백·회)으로 채도 없음
유채색	색상이 있는 모든 색으로 명도·채도 모두 존재

❷ 색의 3원색
빨강, 파랑, 노랑

❸ 색의 3속성(3요소)

구분	정의	특징
색상(Hue)	색의 종류를 구분하는 성질	빨강, 파랑, 노랑 등 색 이름을 결정
명도(Value)	색의 밝고 어두운 정도	높을수록 밝고, 낮을수록 어두움
채도(Chroma)	색의 선명하고 탁한 정도	높을수록 선명하고, 낮을수록 흐림

❹ 색상환과 보색

색상환	• 색상을 원형으로 배열하여 색의 관계와 조화를 이해하기 쉽게 만든 도표 • 구성 | 1차색(원색)	빨강(R), 노랑(Y), 파랑(B)
2차색	주황(O), 초록(G), 보라(V)
3차색	원색과 2차색을 혼합한 색 | • 색의 대비·조화·혼합 관계를 한눈에 파악 가능 • 염색 시 색 선택과 배합에 활용
보색	• 색상환에서 서로 마주 보는 위치에 있는 색 • 함께 사용하면 대비가 강해짐 • 혼합하면 무채색(회색·갈색)에 가까워짐 • 염색 시 원하지 않는 색을 중화하는 데 사용 • 빨강 ↔ 초록, 파랑 ↔ 주황, 노랑 ↔ 보라

📋 업스타일

▶ 업스타일의 개념

❶ 모발을 위로 올려 정리하는 헤어스타일
❷ 목·얼굴선 강조, 단정하고 우아한 이미지 연출
❸ 결혼식, 파티, 무대, 공식행사에 주로 활용
❹ 핀, 브러시, 고정제 등을 사용하여 형태 유지력이 중요

▶ 업스타일의 디자인 요소 및 조형원리

❶ 업스타일의 디자인 3요소
  • 형태(Form)

종류	구형	둥글고 부드러운 실루엣, 여성적·우아
	편구형	한쪽으로 치우친 형태, 개성·동적
	장구형	위·아래 볼륨 강조, 허리는 슬림
크기	작은 형태	단정하고 세련된 이미지
	큰 형태	화려하고 장식적 이미지
방향	사선 방향	움직임, 생동감
	수평 방향	안정감, 차분
	수직 방향	길어 보이고 세련

- 질감(Texture)

언액티베이티드	매끄럽고 정적인 질감
액티베이티드	컬·웨이브 강조, 역동적
혼합형	매끄러움 + 컬 혼합

- 컬러(Color)

어두운 색상	무게감, 안정적
밝은 색상	가벼움, 화사함
혼합 색상	입체감, 강조 효과

❷ 업스타일의 조형원리

균형(Balance)	좌우·상하 안정감
비례(Proportion)	얼굴·체형과 조화
조화(Harmony)	전체 통일감
대비(Contrast)	볼륨·질감 차이
강조(Emphasis)	포인트 설정
리듬(Rhythm)	반복·흐름감
통일(Unity)	일관된 스타일

업스타일의 디자인 기법

꼬기	두 가닥 이상을 비틀어 볼륨과 입체감 표현
땋기	세 가닥 이상을 엮어 장식성과 안정감 부여
매듭	모발을 묶어 고정력과 포인트 강조
겹치기	모발을 층층이 포개어 깊이감 형성
말기	모발을 안팎으로 말아 곡선미 연출
고리	고리 형태로 말아 우아하고 장식적인 효과

포니테일 위치에 따른 디자인 결정

하단 포니테일(Low Ponytail)	차분하고 단정한 인상, 성숙하고 클래식한 분위기
중단 포니테일(Medium Ponytail)	자연스럽고 균형 잡힌 이미지, 일상·업스타일 모두 활용
상단 포니테일(High Ponytail)	발랄하고 활동적인 이미지, 얼굴 리프트 효과
크라운 포니테일(Crown Ponytail)	볼륨 강조, 화려하고 세련된 스타일 연출
네이프 포니테일(Nape Ponytail)	목선을 강조, 우아하고 여성적인 느낌

두피 및 모발관리

모발의 관리

1 모발의 기능

모발은 사람 몸에 난 털 총칭, 모체의 태내부터 발생

- 보호·보온 기능
- 감각 기능
- 배설 기능
- 장식 기능

2 모발의 특징

- 경단백질인 케라틴 중 시스틴을 가장 많이 함유
- 정상적인 모발의 pH는 4.5~5.5
- 머리카락의 1일 성장 길이는 0.2~0.5mm
- 평균 수명은 3~6년

3 모발의 구조

모간(피부 밖으로 나와 있는 부분, 털줄기)과 모근(피부 안으로 들어 있는 부분, 뿌리)으로 구성

- 모간부

모표피	• 모발의 가장 외부에 있는 층 • 스스로 재생 불가
모피질	• 중간층으로 모발의 75~90% 차지 • 멜라닌을 함유하고 있으며, 성질은 친수성
모수질	• 모발 중심에 위치하며, 벌집 모양 • 가는 모발에는 존재하지 않음

- 모근부

모근	두피에 움푹 들어가 있는 부분
모낭	모근 부위를 싸고 있는 털 주머니
모구	모질 세포와 멜라닌 세포로 구성
모유두	모낭 끝 작은 돌기, 모구에 산소와 영양 공급
모모세포	세포분열과 증식에 관여, 머리카락을 생성
입모근	추위나 무서움 등을 느꼈을 때, 털을 세우는 근육으로 속눈썹과 겨드랑이털에는 없음

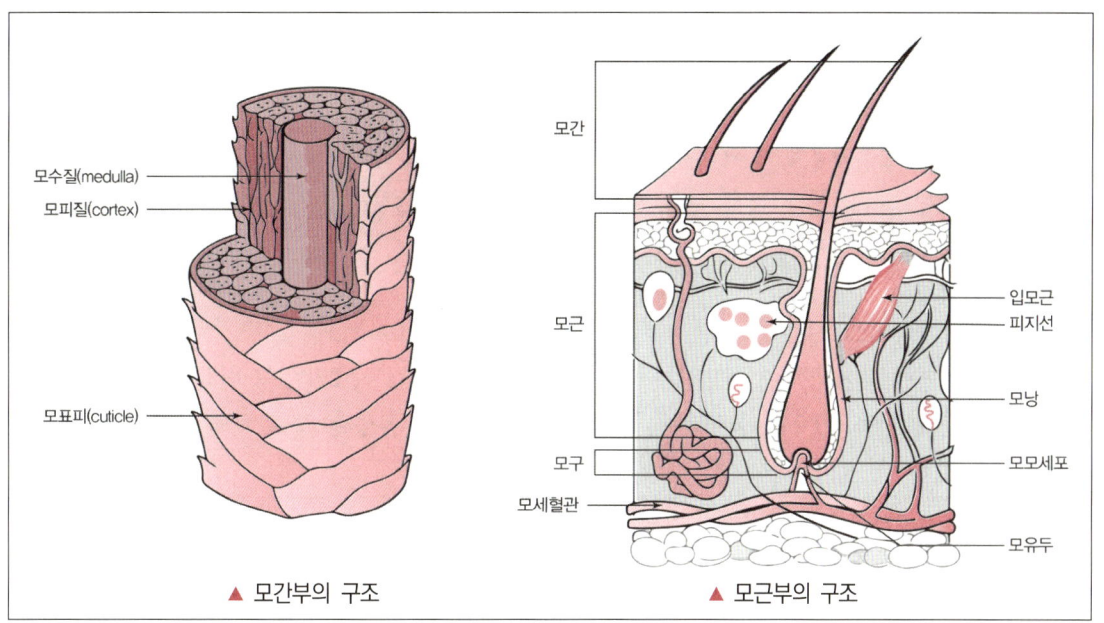

▲ 모간부의 구조　　　　　　　▲ 모근부의 구조

④ 모발의 성장주기

　형성된 모낭의 활동 주기에 따라 성장기, 퇴행기, 휴지기, 발생기의 과정으로 순환

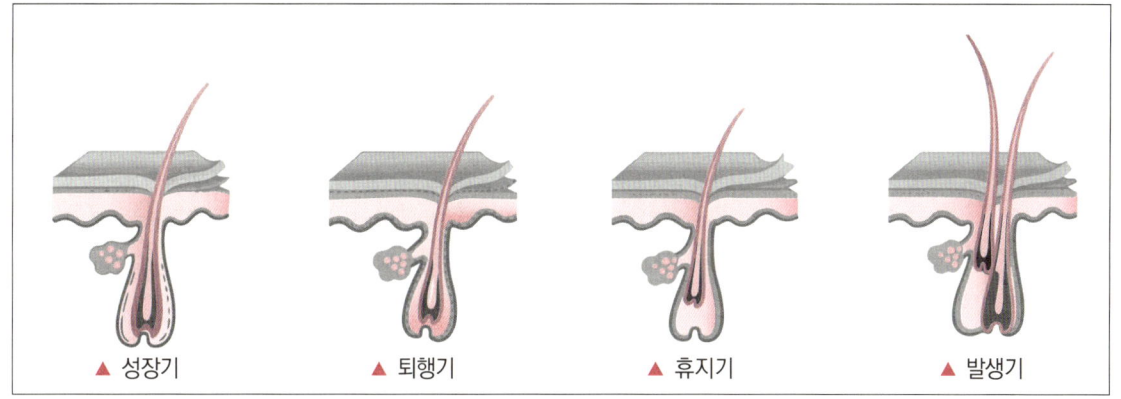

▲ 성장기　　　　　▲ 퇴행기　　　　　▲ 휴지기　　　　　▲ 발생기

❯❯ 샴푸와 트리트먼트

❶ 샴푸의 정의와 목적

- 두피 및 모발을 건강하게 유지하기 위해 비누나 세제를 이용하여 세발하는 과정
- 두피와 모발을 깨끗하게 하여 청결을 유지
- 두피에 자극을 주어 혈액순환을 좋게 하고, 모근을 강화
- 모발 시술을 하기 전에 가장 기초가 되는 과정

❷ 샴푸 시 주의사항

- 세정력이 우수하고 거품이 풍성하게 일어나는 샴푸제를 사용
- 샴푸 전에 물(연수)의 적당한 온도(36~38℃)를 점검, 체크
- 손톱으로 두피를 긁지 않도록 하며, 눈이나 귀에 물이나 샴푸제가 들어가지 않도록 주의
- 퍼머넌트나 염색 전에 샴푸를 해야 할 경우 두피의 자극을 최소화하는 샴푸제를 사용

❸ 컨디셔너의 정의와 목적
  • 샴푸 후 모발에 남아 있는 불용성 알칼리 성분을 제거
  • 두발에 윤기를 주고 엉킴을 방지
  • 모발에 보습작용을 주어 윤기를 주고 시술과정에서의 모발 손상을 방지
  • 퍼머넌트 웨이브나 염색 등의 화학적인 시술 후에 알칼리를 산성으로 중화시켜주는 역할
  • 빗질을 용이하게 해주고 정전기 발생을 방지
❹ 계면활성제
  • 계면활성제의 역할
    - 계면에 흡착되어 전체 계의 에너지를 낮추어 계면의 상호작용을 변화
    - 물과 기름, 피부와 노폐물과 같은 두 물질 사이에 활성을 갖게 하여 이들을 제거
  • 계면활성제의 종류와 특징

음이온	세정력, 기포력 좋음(비누, 클렌징 폼, 샴푸, 치약, 바디 클렌저 등)
양이온	정전기가 억제되어 대전 방지 효과와 소독, 살균 작용(역성비누, 컨디셔너, 트리트먼트)
양쪽성	세정력이 좋고 독성과 자극이 적음, 음이온 계면활성제와 같이 사용하면 대전 방지 효과, 모발 유연 효과가 있어 린스로도 사용(유아용 샴푸, 저자극 샴푸, 린스, 트리트먼트)
비이온성	물에 녹않을 때 이온화되지 않는 것으로 고급 알코올이나 에틸렌옥사이드와 결합해 사용, 유화력이 우수하여 로션이나 크림으로도 사용(클렌징크림, 헤어크림, 트리트먼트, 화장수, 스킨 등)

두피 유형에 따른 샴푸 및 린스
❶ 정상
  • 건강한 두피와 모발을 위해 청결함을 유지하는 식물성 샴푸와 컨디셔닝 효과를 주는 샴푸를 번갈아가며 사용하여 적당한 유분과 수분을 공급
  • 린스는 오일, 컨디셔닝 린스로 모발을 가볍게 코팅
❷ 건성
  • 푸석하고 건조한 두피에 컨디셔너 기능이 있는 오일 샴푸, 광택용 샴푸, 유연 작용 샴푸, 건조 방지용 샴푸를 사용하여 샴푸 시 보습을 주어 두개피의 자극을 최소화
  • 양이온 계면활성제와 습윤제 등이 배합된 크림, 로션, 오일 타입에 트리트먼트를 사용하여 모발의 엉킴을 방지하고 광택 부여
❸ 지성
  • 음이온 계면활성제 함유량이 높은 식물성 샴푸를 사용하여 세정력을 높이고 피지 분비를 조절하여 세균 번식을 예방
  • 손상모일 경우 샴푸제로 인해 건조해진 모발에 오일 린스, 컨디셔닝 린스 등을 사용
❹ 민감성
  • 양쪽 이온성 계면활성제 성분이 들어있는 베이비 샴푸, 오일 샴푸를 사용하여 두피에 자극을 최소화
  • 산성 린스를 사용해 모발에 남아 있는 금속 성분을 제거

⑤ 비듬성
- 살균제인 징크피리치온이 함유되어 있는 항비듬성 샴푸를 사용하여 비듬균의 성장을 억제시키며 주 1~2회 사용
- 약용 린스를 사용하여 두피와 모발에 살균 소독

스켈프 케어

① 두피 관리(스캘프 트리트먼트) 정의 및 목적
- 두피의 생리기능 유지를 돕기 위해 두피나 두발에 수분과 유분 등의 영양분을 공급
- 두피의 비듬을 제거하고 예방
- 모발의 발육을 촉진하고 탈모를 예방
- 정상적인 각화 작용과 두피 청결을 위해 피지와 노폐물을 제거

② 두피 관리방법

물리적인 방법	• 두피에 약품을 사용하지 않고 물리적인 자극을 주어 모발의 생리기능을 건강하게 유지하는 방법 • 브러시를 사용하거나 스캘프 매니플레이션을 사용 • 습열(스팀 타월, 헤어스티머 등)이나 전류, 자외선, 적외선 등을 이용
화학적인 방법	• 양모제나 스캘프 트리트먼트제 등을 사용하는 방법 • 헤어로션, 베이럼, 헤어토닉, 헤어크림 등을 사용

③ 두피의 종류와 상태에 따른 트리트먼트의 종류

정상 두피	플레인(Plain)스캘프 트리트먼트
지성 두피	오일리(Oily)스캘프 트리트먼트
건성 두피	드라이(Dry)스캘프 트리트먼트
비듬성 두피	댄드러프(Dandruff)스캘프 트리트먼트

④ 스캘프 매니플레이션의 방법

경찰법(쓰다듬기)	손가락의 바닥면을 이용하여 가볍게 문지르는 동작
강찰법(문지르기)	양 손가락 끝과 손바닥으로 강하게 문지르는 동작
유연법(주무르기)	가볍게 주물러서 부드럽게 해주는 동작
고타법(두드리기)	피부의 근육을 손가락 끝, 손바닥, 손등, 주먹 등으로 두들기는 방법
진동법(떨기)	손이나 기계를 사용하여 피부나 피하조직에 진동이 전해지는 방법
압박법(누르기)	손가락과 손바닥을 사용하여 경혈을 눌러 주는 방법

탈모

① 탈모의 개념
- 정상적으로 있어야 할 부위에 모발이 비어있는 상태
- 모발의 성장주기가 성장기에서 갑자기 휴지기로 바뀌어 여러 군데의 모공에서 머리카락이 빠지는 것
- 재생이 되지 않는 반흔성 탈모와 재생 가능한 비반흔성 탈모로 분류

❷ 탈모의 유형

남성형 탈모	• 유전, 남성 호르몬에 의한 모근의 약화, 피지선의 비대화, 두피의 노화, 지루성 염증 악화 등이 원인 • 전두부와 두정부에 걸쳐 전체적으로 탈모가 되거나 전두부가 점점 후퇴해 가는 것이 특징
여성형 탈모	• 갱년기나 폐경기로 인하여 체내 호르몬 균형이 깨지면서 안드로겐이 과다해져 나타나는 것이 원인 • 남성보다는 에스트로겐을 많이 가지고 있어 완전한 대머리가 되지는 않으나 대부분 윗부분의 모발이 얇아지고 숱이 적어지는 것이 특징
원형 탈모	• 대표적인 신경성 탈모증상으로 자가 면역기전 • 두피 외에도 수염이나 눈썹, 음모, 겨드랑이털 등에도 보이며, 원형 또는 난원형의 탈모반이 특징
산후 탈모	• 출산 후 4~9개월 동안에 나타나며 정상인의 2~3배 가량의 탈모량 • 일시적으로 성장기에 머물렀던 모발이 정상적인 휴지기 모발과 동시에 탈락하면서 나타나는 탈모
결발성 탈모	• 세게 묶거나 당겨서 일어나는 탈모 • 심하게 자극하여 당기면 모근의 약화를 초래
확산성 탈모	• 특정 부위에 집중되지 않고 두피 전반에서 발현 • 원인은 다양하며, 밀도가 감소하고 모발이 가늘어짐

📑 가발 헤어스타일

➤ 가발의 유형

위그	• 두부 전체를 덮을 수 있는 가발 • 모발의 숱이 적거나 손상된 경우 또는 대머리를 감추기 위해 사용 • 다른 스타일의 변화 또는 장기간의 여행 시 모발 관리가 어려울 때 사용	
헤어피스	• 부분적인 가발 • 헤어패션 액세서리로 헤어스타일을 연출할 때 사용 • 종류	
	폴	일시적으로 짧은 머리 길어 보이게 할 때 사용
	웨프트	핀으로 고정해서 실용용으로 연습할 때 사용
	스위치	머리 1~3가닥을 20cm 이상 길이로 땋거나 스타일링 해두었다가, 길어 보이게 할 때 사용
	위글렛	두상 특정 부위에 볼륨을 주고자 할 때 사용
	• 주로 크라운 부분에 많이 사용	

가발의 소재

인모	• 실제 사람의 모발을 사용하여 제작 • 퍼머넌트 및 컬러링의 약액 처리 가능 • 샴푸 후에 다른 헤어스타일을 연출 가능 • 합성섬유에 비해 가격이 고가
합성섬유 (인조모)	• 나일론, 아크릴 섬유 등의 합성섬유 등으로 제작 • 퍼머넌트 및 컬러링의 약액 처리 불가능 • 가격이 저렴하고 색의 종류가 많음, 엉킴이 없으며 샴푸 후에도 스타일 유지가 가능 • 헤어스타일을 바꾸기가 어려운 것이 단점

가발의 관리

① 인모
- 리퀴드 드라이 샴푸가 이상적
- 부득이한 경우에는 플레인 샴푸에 38℃의 미지근한 물을 사용
- 최소 2~3주에 한 번씩 샴푸 권장
- 세정 후에 가발은 그늘에서 건조
- 빗질은 얼레빗으로 모발 끝에서 모근 쪽으로 서서히 빗질

② 합성섬유
제조업체에서 지정한 세정제와 관리법 준수를 권장

가발 커트 시 고려사항

① 가발의 숱은 사람보다 많으므로 숱을 정리할 때 틴닝이나 틴닝레이저를 사용
② 파운데이션의 바느질한 실이 잘리지 않도록 주의
③ 열에 의해 모발 결이 변형되지 않도록 주의

가발 제작 및 착용

① 제작 과정
상담 ⇨ 가발 디자인 선정 ⇨ 가발 착용 결정 ⇨ 패턴 제작 ⇨ 가발 제작

② 착용 방법
착용 부위의 모발을 정리·정돈 ⇨ 가발을 착용할 위치와 용도에 따라 착용 ⇨ 가발과 기존 모발의 스타일을 연결

헤어디자인과 토탈 뷰티코디네이션

헤어디자인

1 헤어디자인의 의의
- 개인의 얼굴형·두상·체형을 보완하여 미적 이미지를 완성
- 고객의 개성·라이프스타일·직업을 표현
- 미용 기술을 활용한 조형 예술 행위
- 외모 개선을 통한 자신감·만족도 향상

2 헤어디자인의 4대 원칙
조화(Harmony), 통일(Unity), 균형(Balance), 율동(Rhythm)

3 헤어디자인의 고려사항

얼굴형	원형·각형·장형 등 결점 보완
두상	절두·편두·평두 등 보정
모질·모량	직모·곱슬·다모·소모
모발 손상도	손상 정도에 따른 시술 선택
연령·성별	이미지·스타일 적합성
직업·라이프스타일	활동성·관리 용이성
유행·트렌드	시대적 흐름 반영
고객 요구	취향·이미지·관리 수준

얼굴형에 따른 헤어디자인

얼굴형	특징	어울리는 헤어스타일
달걀형	이상적인 얼굴형	대부분의 스타일 가능, 센터·사이드 파트 모두 무난
둥근형	가로폭 넓고 볼이 둥글음	상단 볼륨, 세로선 강조, 웨이브·레이어
장방형	얼굴이 길고 이마·턱이 길게 보임	옆 볼륨, 웨이브, 앞머리로 길이 보완
사각형	턱선·광대가 각짐	부드러운 곡선, 웨이브, 비대칭 스타일
삼각형	이마 좁고 턱이 넓음	상부 볼륨, 가벼운 앞머리
미름모형	광대 넓고 이마·턱이 좁음	광대 가리기, 중·하부 볼륨

얼굴 측면에 따른 헤어디자인

측면 형태	특징	헤어디자인 포인트
일직선형	이마·코·턱이 일직선상에 위치	대부분의 스타일 무난, 균형 유지
콘케이브형(오목형)	코가 들어가고 턱이 앞으로 나옴	이마·코 부위 볼륨, 턱선 강조 완화
콘벡스형(볼록형)	코가 앞으로 나오고 턱이 들어감	얼굴 앞쪽 볼륨 감소, 측면·후면 볼륨

헤어디자인을 위한 기타 고려사항

① 목의 형태에 따른 헤어디자인

목의 형태	특징	헤어디자인 포인트
짧은 목	목 길이가 짧아 답답해 보임	네크라인 위 커트, 상부 볼륨, 목선 노출
굵고 살찐 목	목 둘레가 두껍고 둔해 보임	목선 가리는 길이, 웨이브로 시선 분산
길고 가는 목	목이 길고 가늘어 날씬해 보임	네크라인 가리는 길이, 하부 볼륨

② 신장에 따른 헤어디자인

신장	특징	헤어디자인 포인트
키가 작은 경우	전체적으로 아담해 보임	상부 볼륨, 세로선 강조, 짧거나 미디엄 길이
키가 큰 경우	체형이 길어 보임	가로선 강조, 하부 볼륨, 롱 헤어·웨이브

③ 모발의 질감에 따른 헤어디자인

모발 질감	특징	헤어디자인 포인트
가는 모발	힘이 없고 볼륨 부족	레이어, 웨이브, 볼륨 강조 커트
굵은 모발	모량 많고 거침	틴닝, 슬라이싱, 무게감 조절

토털뷰티 코디네이션

① 토털뷰티 코디네이션이란 개인의 외적 요소를 종합적으로 조화시켜 최상의 이미지를 연출하는 것

② 헤어스타일, 메이크업, 의복, 액세서리, 향수 등이 자신의 체형이나 얼굴형 등에 잘 조화되도록 함

③ TPO-T(Time, 시간), P(Place, 장소), O(Occasion, 상황)에 따라 적합한 뷰티 코디네이션을 제공

피부학

📋 피부의 기초

▶ 피부의 기능

① 보호 기능
- 피하지방과 모발의 완충작용으로 외부 충격 및 압력 보호
- 열, 추위, 화학작용, 박테리아로부터 보호
- 자외선 차단기능

② 체온조절 기능

③ 비타민 D 합성 기능

④ 분비, 배설 기능: 땀 및 피지의 분비

⑤ 호흡작용: 산소 흡수 및 이산화탄소 방출

⑥ 감각 및 지각 기능

▶ 피부의 구조

피부	표피, 진피, 피하조직
피부 부속기관	한선, 피지선, 모발, 손톱

▶ 표피의 구조 및 기능

① 피부의 가장 표면에 있는 층으로 외배엽에서 시작

② 표피의 구조 및 기능

각질층	• 표피를 구성하는 세포층 중 가장 바깥층 • 각화가 완전히 된 세포들로 구성 • 비듬이나 때처럼 박리현상을 일으키는 층 • 외부자극으로부터 피부보호, 이물질 침투방어 • 세라마이드: 각질층에 존재하는 세포간지질 중 가장 많이 차지(40% 이상)
투명층	• 손바닥과 발바닥 등 비교적 피부층이 두터운 부위에 주로 분포 • 생명력이 없는 상태의 무색, 무핵층 • 엘라이딘이 피부를 윤기 있게 함
과립층	• 각화유리질 과립이 존재하는 층으로 피부의 수분 증발을 방지하는 층 • 투명층과 과립층 사이에 레인방어막이 존재 • 지방세포 생성

유극층	• 표피 중 가장 두꺼운 층 • 세포 표면에 가시 모양의 돌기가 세포 사이를 연결 • 케라틴의 성장과 분열에 관여
기저층	• 표피의 가장 아래층으로 진피의 유두층으로부터 영양분을 공급받는 층 • 각질형성 세포와 색소형성 세포가 가장 많이 존재(10 : 1 비율) • 피부의 새로운 세포를 형성하는 층 • 털의 기질부(모기질)는 기저층에 해당

▶ 표피의 구성세포

각질형성 세포 (기저층)	• 표피의 각질(케라틴)을 만들어 내는 세포 • 표피의 주요 구성성분(표피세포의 80% 정도) • 각화과정의 주기: 약 4주(28일)
색소형성 세포 (기저층)	• 피부의 색을 결정하는 멜라닌 색소 생성(멜라닌 세포의 수는 피부색에 상관없이 일정) • 표피세포의 5~10%를 처치 • 자외선을 흡수(또는 산란)시켜 피부의 손상을 방지
랑게르한스 세포	• 피부의 면역기능 담당 • 외부로부터 침입한 이물질을 림프구로 전달 • 내인성 노화가 진행되면 세포수 감소
머켈 세포 (촉각세포)	• 기저층에 위치 • 신경세포와 연결되어 촉각 감지

▶ 피하조직의 기능

영양분 저장, 지방 합성, 열의 차단, 충격 흡수

▶ 피부의 pH

• 피부 표면의 pH: 4.5~6.5pH의 약산성
• 건강한 모발의 pH: 4.5~5.5pH

▶ 진피

❶ 피부의 주체를 이루는 층으로 피부의 90%를 차지
❷ 유두층과 망상층으로 이루어져 있음

유두층	• 표피의 경계 부위에 유두 모양의 돌기를 형성하고 있는 진피의 상단 부분 • 다량의 수분을 함유하고 있으며, 혈관을 통해 기저층에 영양분 공급
망상층	• 진피의 4/5를 차지하며, 유두층의 아래에 위치 • 피하조직과 연결되는 층

진피의 구성물질

콜라겐 (교원섬유)	• 진피의 70~80%를 차지하는 단백질 • 3중 나선형구조로 보습력이 뛰어남 • 엘라스틴과 그물모양으로 서로 짜여 있어 피부에 탄력성과 신축성을 주며, 상처를 치유 • 콜라겐의 양이 감소하면 피부탄력 감소 및 주름 형성의 원인
엘라스틴 (탄력섬유)	• 교원섬유보다 짧고 가는 단백질 • 신축성과 탄력성이 좋음 • 피부이완과 주름에 관여
뮤코다당체 (기질)	• 진피의 결합섬유(콜라겐, 엘라스틴)와 세포 사이를 채우고 있는 젤 상태의 친수성 다당체

한선(땀샘)

에크린선 (소한선)	• 분포: 손바닥, 발바닥, 겨드랑이 등 입술과 생식기를 제외한 전신 • 기능: 체온 유지 및 노폐물 배출
아포크린선 (대한선)	• 분포: 겨드랑이, 눈꺼풀, 유두, 배꼽 주변 등 • 기능: 모낭에 연결되어 피지선에 땀을 분비, 산성막의 생성에 관여

피지선

❶ 진피의 망상층에 위치
❷ 손바닥과 발바닥을 제외한 전신에 분포
❸ 안드로겐이 피지의 생성 촉진, 에스트로겐이 피지의 분비 억제
❹ 피지의 1일 분비량: 약 1~2g
❺ 피지의 기능: 피부의 항상성 유지, 피부보호 기능, 유독물질 배출작용, 살균작용 등

모발

❶ 모발의 특징

구성	케라틴(단백질), 멜라닌, 지질, 수분 등으로 구성
성장 속도	하루에 0.2~0.5mm 성장
수명	3~6년
건강한 모발의 pH	4.5~5.5pH

❷ 모발의 결합구조

폴리펩타이드결합 (주쇄결합)	세로 방향의 결합으로 모발의 결합 중 가장 강한 결합
측쇄결합	가로 방향의 결합

❸ 멜라닌

피부와 모발의 색을 결정하는 색소

유멜라닌	갈색-검정색 종합체, 입자형 색소
페오멜라닌	적색-갈색 중합체

❹ 모발의 구조

	피부 밖으로 나와 있는 부분	
모간	모표피	모발의 가장 바깥 부분
	모피질	모표피의 안쪽 부분으로 멜라닌 색소를 가장 많이 함유
	모수질	모발의 중심부로 멜라닌 색소 함유
모근	두부의 표피 밑에 모낭 안에 들어 있는 모발	
모낭	모근을 싸고 있는 부분	
모구	모낭의 아랫부분	
모유두	모낭 끝에 있는 작은 돌기 조직. 모발에 영양을 공급하는 부분으로, 혈관과 신경이 분포	

❺ 모발의 생장주기

성장기 → 퇴화기 → 휴지기의 단계를 반복

성장기	• 모근세포의 세포분열 및 증식작용으로 모발의 성장이 왕성한 단계 • 전체 모발의 88% 차지 • 기간: 3~5년
퇴화기	• 모발의 성장이 느려지는 단계 • 전체 모발의 1% 차지 • 기간: 약 1개월
휴지기	• 모발의 성장이 멈추고 가벼운 물리적 자극에 의해 쉽게 탈모가 되는 단계 • 전체 모발의 14~15% 차지 • 기간: 2~3개월

≫ 손톱

❶ 손톱의 구조

조체 = 조판	• 손톱의 몸체 부분 • 네일 베드(조상)를 보호 • 조상과 접해있는 아랫부분은 약하며 위로 갈수록 튼튼함
조근	• 손톱의 아랫부분에 묻혀있는 얇고 부드러운 부분 • 새로운 세포가 만들어져 손톱의 성장이 시작되는 곳
자유연	• 네일 베드(조상)와 접착되어 있지 않은 손톱의 끝부분 • 네일의 길이와 모양을 자유롭게 조절할 수 있음
옐로우 라인	• 프리에지와 네일 베드(조상)의 경계선 • 네일 바디(조판) 상의 둥근 선

큐티클	• 손톱 주위를 덮고 있는 신경이 없는 부분 • 병균 및 미생물의 침입으로부터 보호 • 건강한 큐티클의 조건 - 적당한 수분을 함유할 것 - 탄력이 있을 것 - 갈라짐이 없을 것
스트레스 포인트	손톱이 피부와 분리되기 시작하는 곳

❷ 손톱 밑의 구조

조상	• 네일 바디(조판)를 받치고 있는 밑 부분 • 혈관과 신경이 분포하고 있으며 네일의 신진대사와 수분을 공급
조모	• 조근 밑에 위치하여 각질세포의 생산과 성장을 조절 • 혈관 및 신경 분포
반월	• 반달 모양의 손톱 아래 부분 • 매트릭스(조모)와 네일 베드(조상)가 만나는 부분 • 완전히 케라틴화 되지 않음

❸ 손톱의 성장
- 성장 속도: 하루에 0.1~0.15mm
- 손톱이 완전히 자라서 대체되는 기간: 5~6개월
- 10~14세에 가장 빨리 성장, 20세 이후 저하
- 성장 속도가 가장 빠른 계절: 여름
- 손가락마다 성장 속도가 다름
- 손가락을 많이 움직일수록 빨리 성장

❹ 건강한 네일의 조건
- 반투명의 분홍색을 띠며 윤택 있음
- 둥근 모양의 아치형
- 갈라짐이 없음
- 네일 바디가 네일 베드에 강하게 부착되어 있음
- 단단하고 탄력이 있음
- 12~18%의 수분을 함유
- 세균에 감염되지 않아야 함

📋 피부의 유형분석

➤ 건성피부 및 지성피부

비교	건성피부	지성피부
모공	모공이 작음	모공이 큼
피지와 땀 분비	피지와 땀의 분비 저하로 유·수분이 불균형	피지분비가 왕성
피부 상태	• 피부가 얇음 • 피부결이 섬세해 보임 • 탄력이 좋지 못함 • 피부가 손상되기 쉬우며 주름 발생이 쉬움 • 세안 후 이마, 볼 부위가 당김 • 잔주름이 많음	• 정상피부보다 두꺼움 • 여드름, 뾰루지가 잘남 • 표면이 굴껍질같이 보이기 쉬움(피부결이 곱지 못함) • 블랙헤드가 생성되기 쉬움 • 안드로겐(남성호르몬)이나 인프로게스테론(여성호르몬)의 기능이 활발해져서 생김
화장 상태	화장이 잘 들뜸	화장이 쉽게 지워짐
기타 사항	–	• 주로 남성피부에 많음 • 관리: 피지 제거 및 세정을 주목적으로 함

📋 피부와 영양

➤ 탄수화물

❶ 정의

신체의 중요한 에너지원

❷ 분류

구분	종류
단당류	포도당, 과당, 갈락토오스
이당류	지당, 맥아당, 유당
다당류	전분, 글리코겐, 섬유

➤ 단백질

❶ 체조직의 구성성분: 모발, 손톱, 발톱, 근육, 뼈 등
❷ 효소, 호르몬 및 항체 형성
❸ 포도당 생성 및 에너지 공급
❹ 혈장 단백질 형성: 알부민, 글로불린, 피브리노겐
❺ 체내의 대사과정 조절: 수분의 균형 조절, 산-염기의 균형 조절

아미노산

❶ 단백질의 기본 구성단위이며, 최종 가수분해 물질
❷ 필수 아미노산: 발린, 루신, 아이소루이신, 메티오닌, 트레오닌, 라이신, 페닐알라닌, 트립토판, 히스티딘, 아르기닌

필수 지방산

리놀산, 리놀렌산, 아라키돈산

비타민 C

❶ 모세혈관 강화 ⇨ 피부손상 억제, 멜라닌 색소 생성 억제
❷ 미백작용
❸ 기미, 주근깨 등의 치료에 사용
❹ 혈색을 좋게 하여 피부에 광택 부여
❺ 진피의 결체조직 강화
❻ 결핍 시: 기미, 괴혈병 유발, 잇몸 출혈, 빈혈

비타민 D

❶ 자외선에 의해 피부에서 만들어져 흡수
❷ 칼슘 및 인의 흡수 촉진
❸ 혈중 칼슘 농도 및 세포의 증식과 분화 조절
❹ 골다공증 예방

철(Fe)

❶ 인체에서 가장 많이 함유하고 있는 무기질
❷ 혈액 속의 헤모글로빈의 주성분
❸ 산소 운반 작용
❹ 면역 기능
❺ 혈색을 좋게 하는 기능
❻ 결핍 시: 빈혈, 적혈구 수 감소

칼슘(Ca)

❶ 뼈, 치아 형성 및 혈액 응고
❷ 근육의 이완과 수축 작용
❸ 결핍 시: 구루병, 골다공증, 충치, 신경과민증 등

▶ 인(P)

❶ 뼈 및 치아 형성
❷ 비타민 및 효소 활성화에 관여

▶ 요오드(I, 아이오딘)

❶ 갑상선 및 부신의 기능 촉진
❷ 피부건강
❸ 모세혈관의 기능 정상화

▶ 식염

❶ 근육 및 신경의 자극 전도
❷ 삼투압 조절
❸ 결핍 시: 피로감, 노동력 저하

▶ 피부와 영양

❶ 피부 건강을 위해 화장품을 이용해 영양을 공급받기도 하지만 대부분의 영양은 음식물을 통해 보충
❷ 비타민, 무기질 등의 필수 영양소를 섭취하여 건강한 피부 유지

▶ 체형과 영양

❶ 영양의 균형을 고려한 음식물 섭취 ⇨ 건강한 체형을 유지
❷ 인스턴트 식품을 줄임
❸ 과식 및 편식을 줄이고 규칙적인 식습관을 유지

📑 피부와 광선, 피부면역 및 피부노화

▶ 자외선이 미치는 영향

긍정적인 효과	부정적인 효과
• 신진대사 촉진	• 일광 화상
• 살균 및 소독	• 홍반 반응 및 색소침착
• 노폐물 제거	• 광노화
• 비타민 D 합성	• 피부암

자외선의 구분

구분	파장 범위	특징
UV-A	장파장 (320~400nm)	• 진피의 상부까지 침투 • 즉시 색소 침착을 유발 • 피부 탄력 감소 및 주름 형성 • 콜라겐 및 엘라스틴 파괴·변형 ⇨ 광노화 현상이 발생
UV-B	중파장 (290~320nm)	• 표피의 기저층 또는 진피의 상부까지 침투 • 홍반 발생 능력이 UV-A의 1,000배 • 과다하게 노출될 경우 일광화상을 일으킴
UV-C	단파장 (200~290nm)	• 오존층에서 거의 흡수되어 피부에는 거의 도달하지 않지만 오존층 파괴로 인해 영향을 미침 • 가장 강한 자외선으로 살균작용을 함

적외선이 미치는 영향

1. 피부 깊숙이 침투하여 혈액순환 촉진시킴
2. 신진대사 촉진시킴
3. 근육을 이완시킴
4. 피부에 영양분 침투시킴
5. 식균 작용을 함

특이성 면역과 비특이성 면역

1. 특이성 면역
   - 정의
     체내에 침입하거나 체내에서 생성되는 항원에 대해 항체가 작용하여 제거하는 면역
   - 종류

B림프구	• 체액성 면역 • 특정 면역체에 대해 면역글로불린이라는 항체 생성
T림프구	• 세포성 면역 • 혈액 내 림프구의 70~80% 차지 • 세포 대 세포의 접촉을 통해 직접 항원을 공격

2. 비특이성 면역
   - 정의
     태어나면서부터 가지고 있는 자연면역체계
   - 종류

제1방어계	• 기계적 방어벽: 피부 각질층, 점막, 코털 • 화학적 방어벽: 위산, 소화효소 • 반사작용: 재채기, 섬모운동

제2방어계	• 식세포 작용: 대식세포, 단핵구 • 염증 및 발열: 히스타민 • 방어 단백질: 보체, 인터페론 • 자연살해세포: 작은 림프구 모양의 세포로 종양세포나 바이러스에 감염된 세포를 자발적으로 죽이는 세포

피부노화 현상

구분	내인성 노화(자연노화)	외인성 노화(광노화)
개요	나이가 들면서 피부가 노화되는 현상	햇빛, 바람, 추위, 공해 등에 피부가 노화되는 현상
피부 상태	• 표피 및 진피의 두께가 얇아짐 • 각질층의 두께가 증가 • 망상층이 얇아짐 • 건조해지고 잔주름이 늘어남	• 진피 내의 모세혈관 확장 • 표피의 두께가 두꺼워짐 • 피부가 건조해지고 거칠어짐 • 주름이 비교적 깊고 굵음
폐해	• 피지선의 크기 증가 • 피지 생성기능은 감소 • 피하지방세포, 멜라닌 세포, 랑게르한스 세포의 수 감소 • 한선의 수 감소 • 땀의 분비가 감소	• 멜라닌 세포의 수 증가 • 과색소침착증이 나타남 • 섬유아세포의 감소 • 점다당질 증가 • 콜라겐의 변성 및 파괴가 일어남
기타 사항	–	스트레스, 흡연, 알코올 섭취 등의 영향을 받음

📑 피부장애와 질환

원발진과 속발진

원발진	반점, 반, 팽진, 구진, 결절, 수포, 농포, 낭종, 판, 면포, 종양
속발진	인설, 가피, 표피박리, 미란, 균열, 궤양, 농양, 변지, 반흔, 위축, 태선화

바이러스성 피부질환

단순포진, 대상포진, 사마귀, 수두, 홍역, 풍진

색소이상 증상

과색소침착	기미, 주근깨, 검버섯, 갈색반점, 오타모반, 릴흑피증, 벌록 피부염
저색소침착	백반증, 백피증

열에 의한 피부질환

❶ 화상

구분	특징
제1도 화상	피부가 붉게 변하면서 국소 열감과 통증 수반
제2도 화상	• 진피층까지 손상되어 수포가 발생 • 기타 증상: 홍반, 부종, 통증 동반
제3도 화상	• 피부 전층 및 신경이 손상된 상태 • 피부색이 흰색 또는 검은색으로 변함
제4도 화상	피부 전층, 근육, 신경 및 뼈 조직 손상

❷ 한진(땀띠): 땀관이 막혀 땀이 원활하게 표피로 배출되지 못하고 축적되어 발진과 물집이 생기는 질환
❸ 열성홍반: 강한 열에 지속적으로 노출되면서 피부에 홍반과 과색소침착을 일으키는 질환

한랭에 의한 피부질환

동창	한랭 상태에 지속적으로 노출되어 피부의 혈관이 마비되어 생기는 국소적 염증 반응
동상	영하 2~10℃의 추위에 노출되어 피부의 조직이 얼어 혈액 공급이 되지 않는 상태
한랭 두드러기	추위 또는 찬 공기에 노출되는 경우 생기는 두드러기

기타 피부질환

주사	• 피지선과 관련된 질환 • 혈액의 흐름이 나빠져 모세혈관이 파손되어 코를 중심으로 양 뺨에 나비 형태로 붉어진 증상 • 주로 40~50대에 발생
한관종	• 물사마귀알이라고도 함 • 2~3mm 크기의 황색 또는 분홍색의 반투명성 구진을 가지는 피부양성종양 • 땀샘관의 개출구 이상으로 피지 분비가 막혀 생성
비립종	• 직경 1~2mm의 둥근 백색 구진 • 눈 아래 모공과 땀구멍에 주로 발생
지루피부염	기름기가 있는 비듬이 특징이며 호전과 악화를 반복하고 약간의 가려움증을 동반하는 피부염
하지정맥류	다리의 혈액순환 이상으로 피부 밑에 형성되는 검푸른 상태
소양감	자각증상으로서 피부를 긁거나 문지르고 싶은 충동에 의한 가려움증
흉터	세포 재생이 더 이상 되지 않으며 기름샘과 땀샘이 없는 것

Chapter 03

화장품학

📋 화장품 기초

➤ 화장품의 정의

① 인체를 청결·미화하여 매력을 더하고 용모를 밝게 변화시키기 위해 사용하는 물품
② 피부 혹은 모발을 건강하게 유지 또는 증진하기 위한 물품
③ 인체에 바르고 문지르거나 뿌리는 등의 방법으로 사용되는 물품
④ 인체에 사용되는 물품으로 인체에 대한 작용이 경미한 것
⑤ 의약품이 아닐 것

➤ 기능성 화장품

① 피부의 미백에 도움을 주는 제품
② 피부의 주름개선에 도움을 주는 제품
③ 피부를 곱게 태워주거나 자외선으로부터 피부를 보호하는 데에 도움을 줌
④ 모발의 색상 변화·제거 또는 영양공급에 도움을 주는 제품
⑤ 피부나 모발의 기능 약화로 인한 건조함, 갈라짐, 빠짐, 각질화 등을 방지하거나 개선하는 데에 도움을 줌

➤ 화장품의 분류

피부용 화장품	기초 화장품	• 세정: 세안크림, 클렌징폼, 클렌징로션, 클렌징오일 등 • 정돈: 화장수, 팩, 마사지 크림 등 • 보호: 로션, 영양크림, 에센스
	색조 화장품	베이스 메이크업, 파운데이션, 파우더, 포인트 메이크업
	바디 화장품	목욕용 화장품, 핸드케어, 풋케어, 제모제 등
	기능성 화장품	안티에이징 제품, 에센스, 미백크림, 선크림, 선오일
향료용 화장품	에센셜(아로마) 오일	라벤더 오일, 로즈마리 오일 등
	캐리어 오일	호호바 오일, 아보카도 오일 등
방향용 화장품	퍼품, 오데퍼품, 오데토일렛, 오데코롱, 샤워코롱	

화장품 제조

정제수

① 화장수, 크림, 로션 등의 기초 물질을 사용
② 물에 포함된 불순물이 피부 트러블을 일으킬 수 있으므로 깨끗한 정제수를 사용

에탄올

특징	휘발성
용도	화장수, 헤어토닉, 향수 등에 많이 사용
효과	청량감, 수렴효과, 소독작용

오일

구분	종류	특징
천연 오일	식물성 (올리브유, 피마자유, 야자유, 맥아유 등)	• 피부에 대한 친화성이 우수 • 불포화 결합이 많아 공기 접촉 시 쉽게 변질 • 식물성 오일은 피부 흡수가 느린 반면 동물성 오일은 빠름
	동물성 (밍크오일, 난황유 등)	
	광물성 (유동파라핀, 바셀린 등)	• 포화 결합으로 변질의 우려는 없음 • 유성감이 강해 피부 호흡을 방해할 수 있음
합성 오일	실리콘 오일	사용성 및 화학적 안정성이 우수

왁스

구분	종류
식물성	• 카르나우바 왁스[식물성 왁스 중 녹는 온도가 가장 높음(80~86℃), 크림/립스틱/탈모제 등에 사용] • 칸델리라 왁스
동물성	밀납, 경납, 라놀린 등

계면활성제

① 개념
두 물질 사이의 경계면이 잘 섞이도록 도와주는 물질
② 친수성기와 친유성기(소수성기)
• 친수성기: 물과의 친화성이 강한 둥근 머리 모양

양이온성	• 살균 및 소독 작용이 우수 • 용도: 헤어린스, 헤어트리트먼트 등
음이온성	• 세정 작용 및 기포 형성 작용이 우수 • 용도: 비누, 샴푸, 클렌징 폼 등
비이온성	• 피부에 대한 자극이 적음 • 용도: 화장수의 가용화제, 크림의 유화제, 클렌징 크림의 세정제 등
양쪽성	• 친수기에 양이온과 음이온을 동시에 가짐 • 세정 작용이 우수하고 피부 자극이 적음 • 용도: 베이비 샴푸 등

※ 자극의 세기: 양이온성 > 음이온성 > 양쪽성 > 비이온성
- 친유성기(소수성기): 기름과의 친화성이 강한 막대꼬리 모양

❸ 작용원리

유화	• 제품의 오일 성분이 계면활성제에 의해 물에 우윳빛으로 불투명하게 섞인 상태 • 유화 제품: 크림, 로션
가용화	• 소량의 오일 성분이 계면활성제에 의해 물에 투명하게 용해되어 있는 상태 • 가용화 제품: 화장수, 에센스, 향수, 헤어토닉, 헤어리퀴드 등
분산	• 미세한 고체입자가 계면활성제에 의해 물이나 오일 성분에 균일하게 혼합된 상태 • 분산된 제품: 립스틱, 아이섀도, 마스카라, 아이라이너, 파운데이션 등

보습제의 종류

구분	구성 성분
천연보습인자(NMF)	아미노산(40%), 젖산(12%), 요소(7%), 지방산 등
고분자 보습제	가수분해 콜라겐, 히아루론산염 등
폴리올	글리세린, 폴리에틸렌글리콜, 부틸렌글리콜, 프로필렌글리콜, 솔비톨

보습제 및 방부제가 갖추어야 할 조건

보습제	• 적절한 보습능력이 있을 것 • 보습력이 환경의 변화(온도, 습도 등)에 쉽게 영향을 받지 않을 것 • 피부 친화성이 좋을 것 • 다른 성분과의 혼용성이 좋을 것 • 응고점이 낮을 것 • 휘발성이 없을 것
방부제	• pH의 변화에 대해 향균력의 변화가 없을 것 • 다른 성분과 작용하여 변화되지 않을 것 • 무색·무취이며, 피부에 안정적일 것

색소

염료	물, 오일, 알코올 등의 용제에 녹는 색소로 화장품의 색상을 나타냄
안료	물과 오일에 모두 녹지 않는 색소로 주로 메이크업 화장품에 많이 사용 • 무기안료: 천연광물을 파쇄하여 사용(마스카라) • 유기안료: 물·오일에 용해되지 않는 유색분말(립스틱) • 레이크: 립스틱, 브러시, 네일 에나멜에 사용

피부유형에 따른 화장품 유효성분

건성용	콜라겐, 엘라스틴, 솔비톨, Sodium P.C.A, 알로에, 레시틴, 해초, 세라마이드, 아미노산, 히아루론산염
노화방지용	비타민 E(토코페롤), 레티놀, AHA, 레티닐팔미테이트, SOD, 프로폴리스, 플라센타, 알란토인, 인삼 추출물, 은행 추출물
민감성용	아줄렌, 위치하젤, 비타민 P·K, 판테놀, 리보플라빈, 클로로필
지성, 여드름용	살리실산, 클레이, 유황, 캄퍼
미백용	알부틴, 하이드로퀴논, 비타민 C, 닥나무추출물, 감초

유화형태에 따른 크림의 특성

O/W형 에멀전 (수중유형)	• 물 > 오일 • 흡수는 빠르나 지속성이 낮음 • 시원하고 가벼움	로션류: 보습로션, 선텐로션
W/O형 에멀전 (유중수형)	• 오일 > 물 • 흡수는 느리나 지속성이 높음 • 사용감이 무거움	크림류: 영양크림, 헤어크림, 클렌징크림, 선크림
W/O/W, O/W/O형 에멀전	• 물/오일/물 또는 오일/물/오일의 3층 구조 • 영양물질과 활성물질의 안정한 상태의 보존이 가능	각종 영양크림과 보습크림의 제조에 이용

화장품에서 요구되는 4대 품질 특성

안전성	피부에 대한 자극, 알레르기, 독성이 없을 것
안정성	변색, 변취, 미생물의 오염이 없을 것
사용성	피부에 사용감이 좋고 잘 스며들 것
유효성	미백, 주름개선, 자외선 차단 등의 효과가 있을 것

포장에 기재할 사항

1 화장품의 명칭, 가격, 영업자의 상호 및 주소
2 해당 화장품 제조에 사용된 모든 성분
3 내용물의 용량 또는 중량 및 제조번호

④ 사용기한 또는 개봉 후 사용기간(개봉 후 사용기간 기재 시 제조연월일을 병행 표기)

⑤ 기능성 화장품의 경우 "기능성 화장품"이라는 글자 또는 기능성 화장품을 나타내는 도안으로서 식품의 약품안전처장이 정하는 도안 표기

⑥ 사용 시 주의사항 및 그 밖에 총리령으로 정하는 사항

화장품 사용 시 주의사항

① 사용 중 다음과 같은 이상이 있는 경우 사용을 중지해야 함
  - 사용 중 붉은 반점, 부어오름, 가려움증, 자극 등의 이상이 있는 경우
  - 적용 부위가 직사광선에 의하여 붉은 반점, 부어오름, 가려움증, 자극 등의 이상이 있는 경우

② 상처가 있는 부위, 습진 및 피부염 등의 이상이 있는 부위에는 사용하지 말아야 함

③ 보관 및 취급 시의 주의사항
  - 사용 후에는 반드시 마개를 닫아둘 것
  - 유·소아의 손이 닿지 않는 곳에 보관할 것
  - 고온 또는 저온의 장소 및 직사광선이 닿는 곳에는 보관하지 말 것

📋 화장품의 종류와 기능

기초 화장품의 기능

세안, 피부 정돈, 피부 보호

기초 화장품의 종류

세안	클렌징 폼, 페이셜 스크럽, 클렌징 크림, 클렌징 로션, 클렌징 워터, 클렌징 젤
피부 정돈	화장수, 팩, 마사지 크림
피부 보호	로션, 크림, 에센스, 화장유

세안용 화장품의 기능

피부의 노폐물 및 화장품의 잔여물을 제거

피부 정돈용 화장품

① 화장수
  - 주요 기능
    - 피부의 각질층에 수분 공급
    - 피부에 청량감 부여, 피부 진정 또는 클렌징 작용
    - 피부에 남은 클렌징 잔여물 제거 작용
    - 피부의 pH 밸런스 조절 작용

- 종류

유연 화장수	• 피부에 수분 공급 및 피부를 유연하게 함
수렴 화장수	• 피부에 수분 공급, 모공 수축 및 피지 과잉 분비 억제 • 지방성 피부에 적합 • 원료: 알코올, 습윤제, 물, 알루미늄, 아연염, 멘톨

❷ 팩
- 주요 기능
  - 피부에 피막을 형성하여 수분 증발 억제
  - 피부 온도 상승에 따른 혈액순환을 촉진
  - 유효성분의 침투를 용이하게 함
  - 노폐물 제거 및 청결 작용
- 제거 방법에 따른 팩의 분류

필오프 (Peel-off) 타입	• 팩이 건조된 후 형성된 투명한 피막을 떼어내는 형태 • 노폐물 및 죽은 각질 제거 작용
워시오프 (Wash-off) 타입	팩 도포 후 일정 시간 지나 미온수로 닦아 내는 형태
티슈오프 (Tssue-off) 타입	• 티슈로 닦아내는 형태 • 피부에 부담이 없어 민감성 피부에 적합
시트(Sheet) 타입	시트를 얼굴에 올려놓았다가 제거하는 형태
패치(Patch) 타입	패치를 부분적으로 붙인 후 떼어내는 형태

피부 보호용 화장품

로션	• 피부에 수분과 영양분 공급 • 구성: 60~80%의 수분과 30% 이하의 유분
크림	• 세안 시 소실된 천연 보호막을 보충하여 피부를 촉촉하게 하고 보호 • 피부의 생리기능을 돕고, 유효성분들로 피부의 문제점을 개선
에센스	• 피부 보습 및 노화 억제 성분들을 농축해 만든 것 • 피부에 수분과 영양분을 공급

베이스 메이크업 화장품의 분류

메이크업 베이스	• 인공 피지막을 형성하여 피부를 보호 • 파운데이션의 밀착성을 높여줌 • 색소 침착을 방지
파운데이션	• 화장의 지속성을 유지 • 주근깨, 기미 등 피부의 결점을 커버 • 피부에 광택과 투명감을 부여 • 자외선을 차단

파우더	• 피부색 정돈, 번들거림 방지 • 화사한 피부 표현, 땀, 피지 분비 억제

◈ 포인트 메이크업

립스틱	입술의 건조를 방지하고, 입술에 색채감 및 입체감 부여
아이라이너	눈을 크고 뚜렷하게 보이게 하는 효과
마스카라	속눈썹이 짙고 길어 보이게 함
블러셔	얼굴에 입체감을 주고 건강하게 보이게 함

◈ 바디 관리 화장품

세정용	• 이물질 제거 및 청결하게 함 • 종류: 비누, 바디샴푸 등
트린트먼트용	• 샤워 후 피부가 건조해지는 것을 막고 촉촉하게 함 • 종류: 바디로션, 바디크림, 바디오일 등
일소용(선텐)	• 피부를 곱게 태워주고 피부가 거칠어지는 것을 방지 • 종류: 선텐용 젤·크림·리퀴드 등
일소 방지용	• 햇볕에 타는 것을 방지하고 자외선으로부터 피부를 보호 • 종류: 선스크린 젤, 선스크린 크림, 선스크린 리퀴드 등
액취 방지용	• 체취 방지 및 향균 기능을 함 • 종류: 데오드란트

◈ 농도에 따른 향수의 분류

구분(부향률)	지속시간	특징
퍼품(15~30%)	6~7시간	향이 오래 지속되며, 가격이 비쌈
오데퍼품(9~12%)	5~6시간	퍼품보다는 지속성이나 부향률이 떨어지지만 경제적
오데토일렛(6~8%)	3~5시간	일반적으로 가장 많이 사용하는 향수
오데코롱(3~5%)	1~2시간	향수를 처음 사용하는 사람에게 적합함
샤워코롱(1~3%)	약 1시간	샤워 후 가볍게 뿌려주는 향수

◈ 발산속도에 따른 향수의 단계

탑노트	향수의 첫 느낌, 휘발성이 강한 향료
미들노트	변화된 중간 향, 알코올이 날아간 다음의 향
베이스노트	마지막까지 은은하게 유지되는 향, 휘발성이 낮은 향료

천연향의 추출방법

증류법	• 가장 오래된 방법 • 뜨거운 물이나 수증기를 이용하는 것으로 증발되는 향기물질을 냉각시켜 액체 상태로 얻을 수 있는 방법 • 단시간에 대량 추출할 수 있어 경제적 • 고온추출이므로 열에 약한 성분은 파괴
용매 추출법	• 유기용매(벤젠이나 헥산)를 이용해 식물에 함유된 매우 적은 양의 정유, 수증기에 녹지 않는 정유, 수지에 포함된 정유를 추출 • 로즈, 네롤리, 재스민 추출 시 이용

아로마 오일의 사용법

입욕법	전신욕, 반신욕, 좌욕, 수욕, 족욕 등 몸을 담그는 방법
흡입법	손수건, 티슈 등에 1~2방울 떨어뜨리고 심호흡을 하는 방법
확산법	아로마 램프, 스프레이 등을 이용하는 방법
습포법	온수 또는 냉수 1리터 정도에 5~10방울을 넣고, 수건을 담궈 적신 후 피부에 붙이는 방법

아로마 오일의 사용 시 주의사항

① 반드시 희석해서 사용(원액을 점막이나 점액 부위에 직접 사용하지 않아야 함)
② 사용하기 전에 첩포 테스트
③ 갈색 유리병에 넣고 밀봉 보관(공기와 빛에 쉽게 분해되므로)
④ 직사광선을 피하고 서늘하고 어두운 곳에 보관
⑤ 개봉한 정유는 1년 이내에 사용
⑥ 임산부, 고혈압, 간질 환자는 금지된 특정 정유에 주의

아로마 오일의 효능

① 면역 강화
② 항염 및 항균 작용
③ 피부미용 및 진정 작용
④ 혈액순환 촉진
⑤ 화상, 여드름, 염증 치유에 효과적

아로마 오일의 종류

라벤더	피부재생 및 이완작용
자스민	건조하고 민감한 피부에 효과
제라늄	피지 분비 정상화, 셀룰라이트 분해

티트리	피부 정화, 여드름 피부, 습진, 무좀에 효과
팔마로사	건조한 피부와 감염 피부에 효과
네롤리	건조하고 민감한 피부에 효과
패출리	주름살 예방, 노화피부, 여드름, 습진에 효과
레몬그라스	여드름, 무좀에 효과, 모공 수축
오렌지	여드름, 노화피부에 효과
로즈마리	피부 청결, 주름 완화, 노화피부, 두피 개선
그레이프 프루트	살균·소독작용, 셀룰라이트 분해작용

▶▶ 캐리어 오일(베이스 오일)

❶ 식물의 씨를 압착하여 추출한 식물유
❷ 아로마 오일을 효과적으로 피부에 침투시키기 위해 사용
❸ 순수한 식물성 오일로 섭취해도 안정적이며, 마사지할 경우 흡수
❹ 아로마 오일과 블렌딩하여 사용하면 시너지 효과

▶▶ 캐리어 오일의 종류

호호바 오일	• 모든 피부 타입에 적합 • 인체의 피지와 화학구조가 유사하여 피부 친화성이 우수 • 쉽게 산화되지 않아 안정성이 우수 • 침투력 및 보습력이 우수 • 여드름, 습진, 건선피부에 사용
아보카도 오일	• 모든 피부 타입에 적합 • 비타민 E 풍부 • 비만 관리용으로 많이 사용
아몬드 오일	• 모든 피부 타입에 적합 • 비타민 A와 E 풍부 • 피부 보습력을 높여주고 건조 방지 효과
윗점 오일	• 비타민 E와 미네랄 풍부 • 피부노화 방지 효과 • 혈액순환 촉진 및 항산화 작용 • 습진, 건성피부, 가려움증에 효과
포도씨 오일	• 비타민 E 풍부 • 여드름 피부에 효과 • 피부 재생에 효과적이며 항산화 작용
살구씨 오일	• 건조 피부와 민감성 피부에 적합 • 습진, 가려움증에 효과 • 끈적임이 적고 흡수가 빠르며, 유연성이 좋음

▶ 피부 미백제

❶ 기능
- 피부에 멜라닌 색소 침착 방지
- 기미 · 주근깨 등의 생성 억제
- 피부에 침착된 멜라닌 색소를 엷게 함

❷ 성분
알부틴, 코직산, 비타민 C 유도체, 닥나무 추출물, 뽕나무 추출물, 감초 추출물, 하이드로퀴논

▶ 피부 주름 개선제

❶ 기능
- 피부에 탄력을 주어 피부의 주름을 완화 또는 개선
- 콜라겐 합성 · 표피 신진대사 · 섬유아세포 생성의 촉진

❷ 성분
레티놀, 아데노신, 레티닐팔미테이트, 폴리에톡실레이티드레틴아마이

▶ 자외선 차단제

❶ 기능
- 강한 햇볕을 방지하여 피부를 곱게 태워줌
- 자외선을 차단 또는 산란시켜 자외선으로부터 피부보호

❷ 자외선 차단제의 종류

자외선 산란제	• 성분: 티타늄디옥사이드, 징크옥사이드 • 무기 물질을 이용한 물리적 산란작용으로 자외선의 침투를 막아줌 • 피부에 자극을 주지 않고 비교적 안전하나 백탁현상이나 메이크업이 밀릴 수 있음
자외선 흡수제	• 성분: 벤조페논, 에칠헥실디메칠파바, 에칠헥실메톡시신나메이트, 옥시벤존 등 • 유기물질을 이용한 화학적 방법으로 자외선을 흡수하고 소멸시킴 • 사용감이 우수하나 피부에 자극을 줄 수 있음

❸ 자외선 차단지수(SPF, Sun Protection Factor)

SPF	자외선 차단제를 사용했을 때의 최소 MED ÷ 자외선 차단제를 사용하지 않았을 때의 최소 MED
MED	홍반을 일으키는 최소한의 자외선량

04 공중보건학

공중보건학

공중보건학의 개념

① 정의

조직적인 지역사회의 노력을 통하여 질병을 예방하고 수명을 연장하며, 신체·정신적 건강과 효율을 증진시키는 기술이자 과학(윈슬로우, C.E.A Winslow, 1920년)

② 목적

- 질병 예방, 수명 연장, 신체·정신적 건강 및 효율 증진
- 국민의 건강을 보호하고, 사회의 복지를 증진

③ 범위

개인위생	개인의 청결과 건강을 유지하여 질병을 예방하는 것
환경위생	공기, 물, 토양 등 외부 환경의 청결을 유지하여 건강을 보호하는 것
식품위생	식품의 생산, 가공, 저장, 운반, 판매 전 과정에서 오염을 방지하여 안전한 식품을 제공하는 것
산업위생	작업환경에서 발생하는 유해 요인을 제거하거나 감소시켜 근로자의 건강을 보호하는 것
학교보건	학생과 교직원의 건강을 보호하고 쾌적한 학습 환경을 조성하는 것
모자보건	임산부와 영유아의 건강을 보호하고 증진시키는 것
노인보건	고령자의 신체·정신적 건강을 유지하고 삶의 질을 향상시키는 것
정신보건	정신질환을 예방하고 심리적 안정을 유지하여 건전한 사회생활을 돕는 것

④ 공중보건의 수준 평가방법

- 다른 나라와 보건 수준을 평가할 때 기준

평균 수명	0세 출생자의 평균 여명
조사망률	1,000명당 1년간의 전체 사망자 수
비례사망률	전체 사망에 대한 특정 질병에 의한 사망을 백분율로 표시

- 다른 지역과 보건 수준을 평가할 때 기준
  - 영유아사망률: 1,000명당 생후 1년 미만의 사망자 수

⑤ 보건지표
- 한 사회나 국가의 건강 상태를 수치로 나타낸 것으로, 보건 정책과 의료 서비스의 효과를 판단하는 자료로 활용
- 종류

조사망률	• 전체 인구 1,000명당 연간 사망자 수 • 국가의 전체 사망 수준을 파악하는데 활용
영아사망률	• 1세 미만 영아 1,000명당 사망자 수 • 보건 환경과 의료 수준을 평가하는 지표로 활용
비례사망지수	전체 사망자 중 50세 이상의 사망자의 비율
평균 수명	• 한 사람이 평균적으로 기대할 수 있는 생존 연수 • 국가의 보건 수준과 생활 수준을 평가하는데 활용

건강과 질병

① 건강
단순히 허약하지 않은 상태만을 의미하는 것이 아니라 육체·정신·사회적으로 완전히 안녕한 상태 (WHO)

② 질병
- 심신의 전체 또는 일부가 일차적 또는 지속적으로 장애를 일으켜서 정상적인 생리 기능을 하지 못하는 상태
- 질병 발생의 3대 인자

병인	원충, 기생충, 온열, 한랭, 방사능, 화학약품, 강박신경증, 노이로제, 히스테리
숙주	연령, 성별, 유전, 직업, 개인위생, 식습관, 후천적 저항력, 건강상태
환경	기상, 계절, 지진, 쥐, 모기, 파리 등

보건행정

보건행정

① 정의
공중보건의 이론을 바탕으로 국민의 질병 예방, 생명 연장, 건강증진을 위해 국가 및 지방자치단체(보건소, 질병관리청, 보건복지부 등)가 주도적으로 수행하고 활동하는 공적인 행정 활동

② 목표
질병 예방, 환경위생 향상, 영양 개선, 의료 서비스 제공, 건강증진 등

❸ 주요 기능

기획 및 정책수립	국민건강 증진을 위한 계획과 정책을 수립
보건사업의 시행	예방접종, 건강검진, 환경위생관리 등의 사업을 수행
감염병 관리	감염병 발생 시 신고, 역학조사, 격리, 방역 등의 조치를 시행
보건 통계 관리	질병 발생률, 사망률 등의 통계를 수집·분석하여 보건 정책에 활용
사회보험	사회보장을 목적으로 건강, 노후, 사망, 실업, 산업재해의 사고를 대비한 강제보험 (우리나라 4대 보험: 국민연금, 건강보험, 고용보험, 산재보험)

❹ 범위

보건 관계 기록의 보존, 대중에 대한 보수교육, 환경위생, 감염병 관리, 모자보건, 의료 및 보건 간호 등의 범위로 규정(WHO)

사회보장과 사회보험

❶ 사회보장

모든 국민이 건강하고 최선의 생활을 영위할 수 있도록 질병, 부상, 사망 등에 대한 보험 급여를 실시하고 국민 보건 향상을 위해 해주어야 하는 것

❷ 사회보장을 위한 사회보험

국민연금, 고용보험, 산재보험, 장기요양보험

세계보건기구(WHO, World Health Organization)

❶ 1948년 설립, 본부는 스위스 제네바

❷ 한국은 1949년 회원국으로 가입

가족보건

❶ 모자보건

목적	모성(母性) 및 영유아의 생명과 건강을 보호하고 건전한 자녀의 출산과 양육을 도모함으로써 국민 보건 향상에 이바지(모자보건법)
3대 목표	산전 보호 관리, 산욕 보호 관리, 분만 보호 관리
대상	• 모성: 임산부(임신부 및 산후 6개월 미만 여성) 및 가임기 여성 • 아동: 영유아(출생 후 6년 미만)와 미취학 아동
주요 활동	• 산전·산후 관리: 정기 검진, 상담, 출산 준비 교육 등 • 예방접종: 영유아 필수 예방접종 실시 및 관리 • 선천성 기형 및 난청 검사: 신생아 선별 검사 지원 • 영유아 성장 발달 관리: 건강한 성장과 발달을 위한 관리 및 교육을 제공

❷ 가족계획

정의	가족 구성원의 수, 터울 및 출산 시기를 스스로 결정하도록 지원함으로써, 개인과 가족의 건강과 복지를 증진하는 모든 활동
목표	개인의 건강권을 보장하고 사회·경제적 안정을 도모
주요 활동	• 피임 교육 및 상담: 다양한 피임 방법 정보를 제공하고 선택을 지원 • 불임 및 난임 관리: 불임 검사 및 치료에 대한 정보 제공 및 지원 • 성교육: 청소년 및 성인을 대상으로 한 올바른 성 지식 및 책임감 있는 출산 교육을 실시 • 출산 및 양육 지원 정책 연계: 건강한 출산과 양육을 위한 국가 지원 정보를 제공

노인보건

정의	노년기에 발생하는 신체·정신·사회적 문제를 예방하고 건강을 유지하며 삶의 질을 향상하기 위한 포괄적인 보건관리 활동
대상	노인복지법상의 노인(만 65세 이상) 또는 보건 정책상의 기준 연령 이상 인구
주요 활동	• 만성질환 관리: 고혈압, 당뇨병, 관절염 등 만성 퇴행성 질환의 예방 및 지속적인 관리 • 정신 건강: 우울증, 치매 등 정신질환의 조기 발견과 치료 및 예방 활동 • 기능 저하 예방: 신체 기능 및 인지 기능 유지를 위한 운동, 영양 교육, 재활 서비스를 제공 • 낙상 예방: 노인의 주요 손상 원인인 낙상 예방 교육 및 환경 개선 지원 • 노인장기요양보험 제도 연계: 돌봄이 필요한 노인에게 신체 활동 및 가사 활동 지원 등의 서비스를 제공

산업안전보건

❶ 산업재해

노동과정에서 발생하는 노동자의 심신 피해

❷ 산업안전대책 3대 요소

안전교육, 기술점검, 관리 및 규제

❸ 산업재해 3대 평가

도수율, 강도율, 빈도율

❹ 직업병

이상고온	열경련증 등
이상기압	(고압일 경우)잠함병 등
분진	석폐증(석탄), 규폐증(규석) 등
중금속	이따이이따이(카드뮴), 미나마타(수은) 등

인구문제

❶ 인구문제

증가	3M(기아, 질병, 사망)과 3P(인구, 빈곤, 공해)
감소	노동력이 부족해 경제발전 저하

❷ 인구조사(국세조사)

5년마다 11월 1일에 인구조사 시행

❸ 인구구조(인구구성)

피라미드형	출생률 > 사망률, 인구 증가
항아리형	출생률 < 사망률, 인구 감소
종형	출생률 = 사망률, 인구 정지
별형	청년층 > 노년층, 도시형
호로형	청년층 < 노년층, 농촌형

📋 환경보건

환경보건 정의와 관리 영역

❶ 환경오염과 유해화학물질 등이 사람의 건강과 생태계에 미치는 영향을 조사·평가하고 이를 예방·관리하는 것(환경보건법)

❷ 주요 관리 영역: 인간이 생활하는 환경 전반

물 관리	상수원 보호, 먹는 물 수질 관리, 하수 및 폐수 처리
공기 질 관리	대기오염 물질을 감시하고 통제하며, 실내 공기 질을 관리
폐기물 관리	쓰레기 및 유해 폐기물을 안전하게 처리하고 재활용
소음 및 진동 관리	생활 소음 및 산업 소음을 규제하고 관리
화학 물질 및 유해 물질 관리	환경 중 유해 화학 물질의 노출을 평가하고 통제
기후 변화와 건강 관리	기후 변화로 인한 폭염, 한파, 감염병 변화 등에 대비하고 대응

기후

❶ 기후의 3대 요소: 기온, 기습, 기류
❷ 온열 작용의 4대 요소: 기온, 습도, 기류, 복사열
❸ 실내 쾌적 온열 조건: 기온 18~20℃, 상대 습도 40~70%

❹ 불쾌지수: 사람이 느끼는 더위와 불쾌감을 수치로 나타낸 지표

70 이상	10%의 사람이 불쾌감 느낌
75 이상	50%의 사람이 불쾌감 느낌
80 이상	사람들의 대부분이 짜증냄
85 이상	거의 모든 사람들이 불쾌감 느낌

공기

❶ 공기의 조성

| 정의 | 지구 대기를 구성하는 기체의 혼합물 |
| 특징 | 질소, 산소, 아르곤, 이산화탄소 등이 주된 성분이며, 수증기나 미세먼지 등은 그 양이 변동하는 부성분 |

❷ 성분별 특징

질소	• 조성 비율: 건조 공기의 약 78%를 차지하여 가장 많은 양을 차지 • 생리적 역할: 인체 생리 작용에 직접적인 영향을 주지 않는 불활성 기체
산소	• 조성 비율: 건조 공기의 약 21%를 차지하며, 생명 유지에 필수적인 기체 • 생리적 역할: 체내에서 세포 호흡에 사용되며, 영양분을 산화시켜 에너지를 생산 • 농도 변화의 영향: 18% 이하에서는 산소 결핍 증상이 발생
이산화탄소	• 조성 비율: 건조 공기의 약 0.04%로 매우 적은 양을 차지 • 생리적 역할: 인체에서는 세포 호흡의 결과물로 발생하며, 혈액의 pH를 조절하는 중요한 역할 • 환경적 역할: 지구의 온실 효과에 기여하는 주요 기체

대기오염

정의	인위적인 행위에 의해 발생된 오염물질이 사람, 동식물의 생명 또는 재산에 해가 될 정도로 충분한 양, 충분한 시간 동안 대기 중에 존재하는 상태
물질	일산화탄소(CO), 질소산화물(NO), 황산화물(SO), 탄화수소(HC), 분진 등
유형	산성비, 스모그, 기온역전, 온난화, 오존층 파괴 등

수질 환경

❶ 물의 경노

물속에 녹아 있는 미네랄 이온의 양으로 구분

| 경수 | 수소와 산소로 이루어진 보통 물로 칼슘과 마그네슘의 함량이 많아 거품이 잘 일어나지 않음 |
| 연수 | 칼슘과 마그네슘 같은 미네랄 이온이 들어있지 않은 물로 거품이 잘 일어남 |

❷ 물의 보건상 문제

오염된 물로 인해 장티푸스, 콜레라, 이질, 파라티푸스, 유행성간염 등 수인성 감염병 야기

❸ 상수

- 생활용수, 공업용수, 농업용수 등으로 사용하기 위해 인위적으로 정수 처리한 깨끗한 물
- 상수의 위생 기준은 탁도, 냄새, 색도, 세균수, 잔류염소량 등을 포함하며, 수돗물은 인체에 해가 없는 수준으로 관리
- 상수의 주요 공급원은 지하수, 하천수, 저수지 등이며, 정수장의 여러 과정을 거쳐 안전하게 공급

❹ 상수의 정수 과정

집수 ⇨ 응집 ⇨ 침전 ⇨ 여과 ⇨ 소독(염소) ⇨ 급수

응집	물속의 미세한 불순물을 화학약품(응집제)을 사용하여 뭉치게 하는 과정
침전	응집된 물질을 침전지에서 가라앉히는 과정
여과	모래층이나 활성탄층을 통과시켜 남은 불순물을 제거하는 과정
소독	염소나 오존을 이용해 세균, 바이러스 등을 살균하는 과정

Tip 염소(Cl$_2$) 소독

소독 효과가 빠르고 침전물이 생기지 않으며, 주입 시 조작이 간편하나, 냄새와 맛이 나며 자극적임

❺ 하수

- 생활, 산업, 농업 활동 후 배출되는 오염된 물
- 미생물, 유기물, 화학물질 등이 포함되어 있으며, 그대로 방류할 경우 수질 오염과 악취, 전염병의 원인
- 하수의 적절한 처리는 수질 오염 방지뿐만 아니라 지역의 위생환경을 개선하는 데 중요한 역할

❻ 하수의 정화 과정

침사지 ⇨ 폭기조(생물학적 처리) ⇨ 소독

침사지	모래, 자갈 등 큰 입자를 제거하는 과정
폭기조	미생물이 유기물을 분해하여 정화하는 과정
소독	처리된 물에 남은 세균을 제거하고 하천으로 방류하는 과정

❼ 하수 오염 지표

생화학적 산소요구량(BOD)	• 물의 오염도를 생물학적으로 측정하는 방법 • BOD가 높을수록 오염된 물
화학적 산소요구량(COD)	화학적 방법으로 물을 정화할 때 필요한 산소량
용존산소량(DO)	• 물에 녹아 있는 산소량 • DO가 높을수록 적게 오염된 물 • 온도가 낮을수록 DO 증가
부유물질(SS)	오염물이나 쓰레기가 부유하지 않아야 함
수소이온농도(PH)	PH 7 미만은 산성, PH 7 초과는 알카리성(염기성)

주거 및 의복 환경

1 주거 환경

● 채광 조건

창의 크기	실내 바닥면적의 1/5~1/7 정도
창의 높이	벽 높이의 1/3 정도
창의 방향	남향
개각	4~5° 이상(각이 클수록 밝음)
입사각	28° 이상(각이 클수록 밝음)

● 조명의 종류

직접 조명	광원이 직접 빛을 비춤(서치라이트)
간접 조명	반사광이 물건을 비춤
전체 조명	전체적으로 밝게 비춤
부분 조명	정밀작업할 때 부분을 비춤

2 의복 환경

● 신체 보호, 체온 조절, 사회생활, 신체 청결, 미용 등에 용이할 것
● 온도, 습도, 기류 등에 조절력이 양호할 것
● 활동에 적합하고 감촉이 좋을 것
● 세탁이 쉽고, 오염에 강할 것

식품위생과 영양

식품위생과 식중독

식품위생	식품, 식품첨가물, 기구 또는 용기·포장을 대상으로 하는 음식물에 관한 위생
식중독	오염된 식품이나 물을 섭취함으로써 인체에 이상을 일으키는 질병으로, 원인에 따라 세균성 식중독, 자연독 식중독, 화학성 식중독 등으로 구분

식중독의 분류

1 세균성 식중독

감염형 식중독	살모넬라	오염된 날고기, 달걀, 소고기 및 잘 씻지 않은 채소, 과일 등
	장염비브리오	오염된 어패류에 접촉한 도마, 식칼, 행주에 의한 2차 감염
	병원성 대장균	오염된 우유, 치즈, 김밥, 두부, 도시락 등의 섭취

	포도상구균	오염된 우유, 유제품, 떡, 김밥, 도시락
독소형 식중독	보툴리누스균	오염된 육류, 소시지, 통조림제품 ※ 치사율이 높음
	웰치균	오염된 수육 및 육가공 식품, 어패류

❷ 자연성 식중독

식물성 식중독	무스카린(독버섯), 솔라닌(감자 싹), 아미그달린(살구씨와 복숭아씨 속 약용 성분)
동물성 식중독	테트로도톡신(복어), 베네루핀(굴의 내장)

❸ 화학성 식중독
- 농약, 세제, 중금속, 식품첨가물 등 화학물질에 의한 식중독
- 농산물에 남은 농약, 오래된 통조림의 납, 식품가공 중 과다한 보존료나 착색제 등이 원인
- 증상은 구토, 어지러움, 호흡곤란, 신경장애 등 다양하며, 화학물질 오·남용을 철저하게 관리해야 함

식품의 보존

❶ 물리적 보존법
물리적인 조건을 변화시켜 미생물의 생육을 억제하거나 사멸시키는 방법

저온저장법	냉장(0~5℃) 또는 냉동(-18℃ 이하)하여 미생물의 증식을 억제
가열살균법	일정한 온도에서 가열하여 병원균과 효소를 파괴
건조법	수분을 제거하여 미생물이 번식할 수 없는 환경을 조성
진공포장 및 밀봉법	산소를 차단하여 부패를 방지
방사선 조사법	감마선 등을 조사하여 식품 속 미생물을 제거

❷ 화학적 보존법
화학물질을 사용하여 부패를 지연시키거나 미생물의 번식을 억제하는 방법

소금 절임	고농도의 염분이 미생물의 수분 활동을 억제
설탕 절임	삼투압 작용으로 미생물의 생장을 억제
식초 절임(산성화)	낮은 pH로 세균의 생육을 억제
보존료 사용	아황산나트륨, 안식향산나트륨 등 합성 보존제를 사용하나, 기준량 초과 금지

기생충 질환

❶ 선충류

회충	가장 높은 감염률
십이지장충(구충)	경구 및 경피 침입
요충증	집단감염률과 유아감염률 높음
말레이사상충	모기에 의해 감염

❷ 조충류

민촌충(무구조충)	덜 익은 소고기
갈고리촌충(유구조충)	덜 익은 돼지고기
긴촌충(광절열두조충)	덜 익은 연어, 농어 등

❸ 흡충류

간흡충증(간디스토마)	• 1차 숙주: 쇠우렁이 • 2차 숙주: 잉어, 붕어
폐흡충증(폐디스토마)	• 1차 숙주: 다슬기 • 2차 숙주: 가재, 게
요코가와흡충증	• 1차 숙주: 다슬기 • 2차 숙주: 은어

▶ 영양

❶ 영양소의 3대 기능

열량 공급	체내의 에너지원으로 탄수화물, 단백질, 지방으로 구성
조직 구성	단백질, 무기질, 물을 중심으로 구성
생리기능 조절	단백질, 지방, 탄수화물, 무기질, 비타민으로 구성

❷ 3대·4대·5대 영양소

구분	포함되는 영양소	주요 작용
3대 영양소	단백질, 탄수화물, 지방	열량 공급·인체 구성 작용
4대 영양소	단백질, 탄수화물, 지방, 무기질	인체 구성 작용
5대 영양소	단백질, 탄수화물, 지방, 무기질, 비타민	인체 구성·조절 작용

❸ 비타민(결핍 시 증상)

구분	비타민	결핍 시 나타나는 증상
지용성	비타민 A	야맹증, 안구건조증
	비타민 D	구루병
	비타민 E	노화 촉진, 적혈구 용혈
	비타민 F	피부 건조
	비타민 K	혈액응고 지연
수용성	비타민 B1(티아민)	식욕부진, 신경장애
	비타민 B2(리보플라빈)	구각염
	비타민 B3(나이아신)	펠라그라병
	비타민 B6(피리독신)	단백질 대사 장애, 피부염
	비타민 B12(코발라민)	악성 빈혈
	비타민 C	괴혈병

❹ 무기질(결핍 시 증상)

무기질	결핍 시 나타나는 증상
철분(Fe)	빈혈
인(P)	뼈 발육 장애
아이오딘(I)	갑상선 기능 장애
칼슘(Ca)	뼈와 치아 발육 불량
나트륨(Na) / 칼륨(K)	근육 경련, 신경전달 장애, 전해질 불균형

* 아이오딘(I) = 요오드

📑 미생물 총론

▶ 미생물 개요

정의	육안으로 볼 수 없는 생물(짚신벌레, 해캄, 콜레라균, 장티푸스, 야광충, 누룩곰팡이)
역사	• 1665년 로버트 훅이 복합 광학현미경을 조립하여 코르크를 관찰하면서 발견한 작은 방의 구조를 보고 세포로 명칭 • 1675년 레벤후크는 현미경을 발명하여 미생물을 최초로 관찰하고 미소동물이라고 명명 • 1864년 루이 파스퇴르는 저온살균법을 처음으로 고안하였으며 발효·부패 미생물설, 자연발생설 부정 • 1882년 로베르트 코흐는 최초로 특정한 세균이 질병을 일으킴을 증명하고 하나의 미생물이 하나의 특정한 질병을 일으킨다는 병원균설을 확립하였으며 결핵균을 발견

▶ 미생물의 분류

❶ 병원성 미생물

바이러스	• 핵산과 단백질로만 이루어져 숙주에 의존해서 생활 • 간염 바이러스를 제외하고 열과 소독에 비교적 약함(종류에 따라 저항성 차이가 있음) • 수두, 인플루엔자, 소아마비, 유행성 이하선염, 광견병, AIDS, 간염, 천연두 등
세균	• 살아있는 생물이나 동물 조직에 침입하여 서식 • 번식 속도가 빨라 조직 내에서 유해 물질을 발생시켜 질병을 확산 • 둥근모양(구균), 막대모양(간균), 가늘고 긴 만곡된 모양(나선균) 등
리케차	• 세균처럼 단독 세포로 존재 • 절지동물에 기생하여 급성 열성 질환으로 발열, 피부발진, 맥관염 등의 증상 • 인수공통의 미생물 병원체
진균	• 곰팡이, 효모, 버섯류 등의 진균으로 박테리아보다 큰 진핵 세포로 구성 • 균사라고 하는 가는 실 모양의 세포로 이루어져 있고 격벽의 유무로 균류를 구분 • 무좀, 칸디다증 등의 피부질환을 야기

❷ 비병원성 미생물

　발효균, 효모균, 유산균 등

▶ 미생물 생육에 영향 주는 외인성 인자

온도	• 최적온도: 미생물이 가장 빠르게 성장하는 온도 • 대부분의 병원성 세균은 인체 온도인 약 37℃	
상대습도	• 식품 표면 및 주변 환경의 습도에 영향을 주고, 미생물 성장에 중요하게 작용 • 높은 상대습도는 대부분의 미생물 성장에 유리	
대기 기체 조성 (산소 존재 여부)	호기성 미생물	산소가 필요한 미생물
	혐기성 미생물	산소가 없는 환경에서 성장
	미호기성 미생물	매우 낮은 산소농도가 최적
	통성혐기성 미생물	산소 유무와 상관없이 성장

📋 역학과 감염병

▶ 감염병 발생 3대 요소

❶ 숙주

  • 환자

  • 보균자(건강보균자가 관리하기 가장 어려움)

  • 병원체 보유 동물

쥐	페스트, 서교증, 와일씨병 등
들토끼	야토병 등
개	광견병(=공수병) 등
말	탄저병, 비저병 등

❷ 환경(감염 경로)

직접감염	직접 접촉	임질, 매독, 공수병, 서교병 등
	비말감염	결핵, 디프테리아, 백일해, 성홍열 등
간접감염	활성전파체감염	이(발진티푸스, 재귀열), 벼룩(페스트, 발진열), 파리(이질, 콜레라), 모기(일본뇌염, 황열, 말라리아) 등
	비활성전파체감염	식품(장티푸스, 파라티푸스, 이질), 물(장티푸스, 파라티푸스, 이질) 등

침입경로별 감염병
- 호흡기: 결핵, 나병, 디프테리아, 백일해, 조류독감, 인플루엔자 등
- 소화기: 콜레라, 세균성이질, 장티푸스, 폴리오, 식중독 등
- 피부: 파상풍, 와일씨, 야토병, 페스트 등

❸ 병인

세균, 바이러스, 기생충, 독소, 화학물질 등 질병을 직접 일으키는 원인

▶ 면역

구분	선천적 면역	후천적 면역
형성 시기	출생 시부터 존재	감염·예방접종 후 형성
특이성	비특이적	특이적
반응 속도	빠름	느림
면역 기억	없음	있음
항체 생성	없음	있음
주요 역할	1차 방어	2차 방어

▶ 검역

❶ 국내외로 입·출국하는 항공기, 사람 및 화물을 검역하는 국가의 보건 조치와 검역감염병 예방을 위한 조치
❷ 검역감염병의 종류: 메르스, 에볼라바이러스, 황열, 콜레라, 폴리오, 페스트, 중증급성호흡기증후군, 신종인플루엔자감염증, 동물(조류)인플루엔자인체감염증

▶ 법정감염병

1급 감염병 (18종)	• 전파속도 빠르고 위험, 발생 즉시 신고, 격리 필요 • 두창, 페스트, 탄저, 보툴리눔독소증, 야토병, 신종인플루엔자감염증, 디프테리아, 신종감염병증후군 등
2급 감염병 (22종)	• 24시간 이내 신고, 격리 필요 • 결핵, 수두, 홍역, 콜레라, 장티푸스, 파라티푸스, 세균성이질, 장출혈성대장균감염증, A형간염, 백일해, 유행성이하선염, 폴리오, 한센병, 성홍열, 풍진, 수막구균감염증 등
3급 감염병 (32종)	• 24시간 이내 신고, 계속 감시 • 파상풍, B형간염, 일본뇌염, 황열, 뎅기열, C형간염, 말라리아, 레지오넬라증, 비브리오패혈증, 발진티푸스, 발진열, 쯔쯔가무시증, 렙토스피라증, 브루셀라증, 공수병, 후천성면역결핍증(AIDS), 매독 등
4급 감염병 (60종)	• 7일 이내 신고, 표본 감시 • 코로나바이러스감염증-19, 회충증, 편충증, 요충증, 간흡충증, 폐흡충증, 장흡충증, 수족구병, 임질, 살모넬라균 감염증, 장염비브리오균 감염증 등

📑 소독

소독의 개요

1 정의
- 협의적 의미는 병원 미생물의 생활력을 제거하여 감염력을 없애는 것
- 광의적 의미는 병원성 또는 비병원성 미생물을 죽이거나 감염력의 증식력을 없애는 조작으로서 살균과 방부, 멸균을 포함

2 관련 용어

멸균	미생물 또는 포자까지 사멸 또는 제거
살균	물리적·화학적 작용으로 죽임, 내열성포자는 존재
소독	살균작용으로 병원성 미생물의 생활력과 감염력을 제거
방부	병원 미생물의 발육과 작용을 정지·지연
오염	물체 내면이나 표면에 병원체가 부착
침입	세균이 인체 내로 들어감
감염	병원체가 인체에 침입하여 발육·증식

소독 기전

산화 작용	과산화수소, 염소, 과망간산칼륨, 오존
균체 단백질 응고	산, 알칼리, 석탄산, 알코올, 크레졸, 포르말린, 승홍
균체 효소계의 침투 작용	석탄산, 알코올, 역성비누
가수분해 작용	강산, 강알칼리, 열탕수
중금속염의 형성	승홍, 머큐로크롬, 질산은
핵산 작용	자외선, 방사선, 포르말린, 에틸렌옥사이드
탈수 작용	식염, 설탕, 포르말린, 알코올
세포막의 삼투성 변화 작용	석탄산, 역성비누, 중금속

소독법의 분류

1 지연소독법

희석	희석 자체에 의한 살균 효과는 없으나 발육을 지연시켜 세균 수 감소 효과
태양광선	자외선에 의한 살균 파장은 2,900~3,200 Å, 이불, 수건, 의류, 침구류 등을 소독
한랭	저온소독법으로 세균의 발육이 저하되지만 사멸 효과는 없음

❷ 물리적 소독법
- 가열처리법

종류		소독방법
자비 소독법		• 100℃ 끓는 물에 15~20분간 삶아 소독 • 아포균의 완전 소독 불가능 • 석탄산, 크레졸 첨가하면 소독력 상승
건열 멸균	화염 멸균법	• 불을 직접 접촉하여 미생물을 멸균 • 금속류, 유리, 이·미용도구, 바늘 등에 사용
	소각법	• 불에 태워 멸균하는 방법으로 가장 확실함 • 오염된 수건, 휴지, 쓰레기 등에 사용
	건열 멸균법	• 160~170℃ 건열멸균기에서 1~2시간 처리 • 유리 기구, 분말, 금속류 등에 사용
습열 멸균	고압증기 멸균법	• 고압증기멸균기 사용 • 10Lbs/30분, 15Lbs/20분, 20Lbs/15분 • 포자균 멸균에 적합 • 의류, 기구, 고무제품 등에 사용
	유통증기 멸균법	• 1일 1회 30분씩 3회 간헐 멸균(코흐 멸균법) • 식기류, 도자기류, 주사기, 의류 등에 사용
	저온 살균법	• 포자가 형성되지 않은 유제품 등 살균 [예] 우유(65℃, 30분간), 포도주(55℃, 10분간)
	초고온 순간멸균법	• 순간적 열처리 방법으로 영양소 파괴 적음 • 135℃에서 2초간 처리

- 무가열처리법

종류	소독방법
자외선 멸균법	• 자외선 중 2,650 Å의 파장을 사용하여 멸균 • 무균실, 식품, 기구 등에 사용
세균 여과법	• 열에 불안정한 액체를 여과하여 멸균 • 화학물질, 액체물질 등에 사용
초음파 멸균법	• 초음파로 살균 • 식품, 시약, 액체 등에 사용
방사선 멸균법	• 방사선원을 이용하여 살균 • 용기, 플라스틱 제품, 목재 등에 사용
냉동법	• 균의 번식과 활동 억제, 살균효과는 없음 • 식품 저장 등에 사용
희석	• 일정 농도 이상의 균주를 소독 • 환자 배설물 등에 사용

❸ 화학적 소독법

석탄산 (3%)	• 피부 점막 자극, 냄새·독성 강함 • 금속 부식성 • 단백질 응고, 세포 용해, 균체효소 침투작용 • 환자복, 오물, 배설물 등에 사용 • 석탄산계수 = 소독약의 희석배수 / 석탄산의 희석배수
크레졸 (3%)	• 냄새가 강함 • 바이러스는 소독 효과 적으나, 세균에 소독 효과 높음 • 손, 오물, 객담 등(손 소독의 크레졸 농도는 1%)에 사용
알코올 (70%)	• 무포자 형성균에 소독 효과 있고, 아포에는 소독 효과 없음 • 피부, 가구 소독 등에 사용
승홍 (0.1%)	• 맹독성이며 금속 부식성 강함 • 식기류나 피부 소독에는 부적합 • 배설물 등에 사용
생석회 (생석회 분말 : 물 = 1~2 : 9~8)	• 무아포균에 소독 효과 있음 • 장기간 공기 노출 시 살균력 저하 • 분변, 오수, 토사물 등에 사용
과산화수소 (3%)	• 무포자균을 살균하며, 자극성 적음 • 구내염, 인두염, 구강세척 등에 사용
역성비누 (0.01%~0.1%)	• 자극성과 독성 적음 • 포도상구균, 결핵균에 유효 • 인체 소독, 피부 소독
포름알데히드 (35~40%)	• 미생물에 강한 살균력 • 자극적인 냄새와 독성으로 눈과 피부 점막에 부적합 • 금속, 고무, 플라스틱 재질 제품 등에 사용
포르말린 (0.02~0.1%)	• 강한 자극성 • 의류, 도자기, 목제품, 셀룰로이드 등에 사용
붕산 (상처 3%, 방부세척 1~3%)	• 무색광택의 결정성 분말 • 살균력은 약하나 자극 적음 • 인체 소독, 피부 소독
염소제 (표백분, 차아염소산나트륨)	• 독성 강하고 가격 저렴 • 금속 부식성, 피부 자극 유발 • 표백, 방취, 방부에 효과적 • 수영장, 목욕탕, 하수 등에 사용
머큐크롬액 (2%)	• 살균력은 약하나 자극 적음 • 피부 상처, 점막 등에 사용
약용비누	• 살균과 세정 효과 • 손, 피부, 창상 등에 사용

분야별 위생·소독

❶ 미용실의 실내 환경 위생 소독

- 24시간 평균 실내 미세먼지의 양이 $150\mu g/m^3$을 초과하는 경우 실내공기 정화 시설 및 설비를 기준 이하로 관리해야 함
- 오염물질의 종류와 허용기준

오염물질 종류	오염 허용기준
미세먼지(PM-10)	24시간 평균치 $150\mu g/m^3$ 이하
일산화탄소(CO)	1시간 평균치 10ppm 이하
이산화탄소(CO_2)	1시간 평균치 1,000ppm 이하

❷ 미용실 도구와 기기 소독

실내 및 기구 소독	크레졸, 차아염소산나트륨, 알코올 등
가위, (수동)클리퍼	70% 에탄올, 고압증기멸균기
레이저 기기	알코올을 이용한 표면 소독(열·증기 소독 금지)
빗류	자외선 소독기
타월·가운류	자비소독, 증기소독, 역성비누, 일광소독
기타 도구	70% 에탄올

❸ 소독 기준 및 방법(공중위생관리법 시행규칙)

자외선 소독	$1cm^2$당 $85\mu W$ 이상의 자외선을 20분 이상 처리
건열멸균 소독	섭씨 100℃ 이상의 건조한 열에서 20분 이상 처리
증기 소독	섭씨 100℃ 이상의 습한 열에서 20분 이상 처리
열탕 소독	섭씨 100℃ 이상의 물에서 10분 이상 끓임
석탄산수 소독	3% 농도의 석탄산수에 10분 이상 담금
크레졸 소독	3% 농도의 크레졸수에 10분 이상 담금
에탄올 소독	70% 농도의 에탄올수용액에 10분 이상 담금 또는 에탄올수용액을 적신 면(거즈)으로 기구표면을 닦음

공중위생관리법

공중위생관리법

공중위생관리법 목적 및 정의

1 목적

공중이 이용하는 영업의 위생관리 등에 관한 사항을 규정함으로써 위생수준을 향상시켜 국민의 건강 증진에 기여

2 정의

공중위생영업	다수를 대상으로 위생관리서비스를 제공하는 영업으로 숙박업, 목욕장업, 이용업, 미용업, 세탁업, 건물위생관리업
피부미용업	의료기기나 의약품을 사용하지 아니하는 피부상태분석·피부관리·제모(除毛)·눈썹손질을 하는 영업

영업의 신고 및 폐업

영업의 신고	• 공중위생영업의 종류별로 보건복지부령이 정하는 시설 및 설비를 갖추고 시장·군수·구청장에게 신고 • 구비 서류: 영업시설 및 설비개요서, 교육수료증(미리 교육을 받은 경우에만 해당), 면허증(이·미용업의 경우에만 해당)
영업의 변경 신고	보건복지부령이 정하는 아래의 중요사항을 변경하고자 하는 때에도 시장·군수·구청장에게 신고해야 함 • 영업소의 명칭 또는 상호 • 영업소의 주소 • 신고한 영업장 면적의 1/3 이상의 증감 • 대표자의 성명 또는 생년월일 • 미용업 업종 간 변경 또는 업종의 추가
영업의 폐업 신고	• 공중위생 영업자는 영업을 폐업한 날로부터 20일 이내에 시장·군수·구청장에게 신고 • 면허를 소지하지 아니한 자가 상속인이 된 경우, 그 상속인은 상속받은 날로부터 3개월 이내에 폐업신고
영업의 승계	• 양수·양도, 상속, 법인 합병의 경우 영업 승계 • 해당 영업에 필요한 면허를 소지한 자만 승계 가능 • 승계한 자는 1개월 내 시장·군수·구청장에게 신고

영업자 준수사항

❶ 미용업자 준수사항

공중위생영업자는 고객에게 건강상 위해 요인이 발생하지 아니하도록 영업 관련 시설 및 설비를 위생적이고 안전하게 관리

❷ 미용업자 위생관리 기준

- 의료기구와 의약품을 사용하지 아니하는 순수한 화장 또는 피부미용을 할 것
- 미용기구는 소독을 한 기구와 소독을 하지 아니한 기구로 구분하여 보관
- 면도기는 1회용 면도날만을 손님 1인에 한하여 사용
- 영업장 안의 조명도는 75럭스 이상을 유지
- 영업소 내부에 미용업 신고증, 개설자의 면허증 원본 게시
- 최종지급요금표(부가가치세, 재료비 및 봉사료 등일 포함된 요금표)를 영업소 안에 게시. 단, 영업장 면적이 $66m^2$ 이상인 영업소는 외부에도 요금표 게시
- 3가지 이상 서비스를 제공하는 경우 개별 서비스 가격 및 총액의 내역서를 고객에게 미리 제공하고, 해당 내역서 사본을 1개월 이상 보관

면허

면허발급 자격 기준	• 전문대학 또는 이와 같은 수준 이상의 학력이 있다고 교육부장관이 인정하는 학교에서 미용에 관한 학위를 취득한 자 • 「학점인정 등에 관한 법률」에 따라 대학 또는 전문대학을 졸업한 자와 같은 수준 이상의 학력이 있는 것으로 인정되어 같은 법 제9조에 따라 미용에 관한 학위를 취득한 자 • 고등학교 또는 이와 같은 수준의 학력이 있다고 교육부장관이 인정하는 학교에서 미용에 관한 학과를 졸업한 자 • 초·중등교육법령에 따른 특성화고등학교, 고등기술학교나 고등학교 또는 고등기술학교에 준하는 각종 학교에서 1년 이상 미용에 관한 소정의 과정을 이수한 자 • 국가기술자격법에 의한 미용사 자격을 취득한 자
면허 결격사유	• 피성년후견인 • 「정신건강증진 및 정신질환자 복지서비스 지원에 관한 법률」에 따른 정신질환자. 단, 전문의가 미용사로서 적합하다고 인정하는 사람은 제외 • 공중의 위생에 영향을 미칠 수 있는 감염병 환자(결핵)로서 보건복지부령이 정하는 자. 단, 비감염성인 경우 제외 • 마약 기타 대통령령으로 정하는 약물 중독자(대마 또는 향정신성의 약품 중독자) • 면허가 취소된 후 1년이 경과되지 아니한 자

면허 취소	• 피성년후견인, 정신질환자, 감염병자(결핵), 마약 기타 대통령령으로 정하는 약물 중독자(대마 또는 향정신성의약품 중독자) • 면허증을 다른 사람에게 대여한 때 • 「국가기술자격법」에 따라 자격이 취소된 때 • 「국가기술자격법」에 따라 자격정지 처분을 받은 때 • 이중으로 면허를 취득한 때 • 면허정지처분을 받고도 그 정지 기간 중에 업무를 한 때 • 「성매매알선 등 행위의 처벌에 관한 법률」이나 「풍속영업의 규제에 관한 법률」을 위반하여 관계기관의 장으로부터 그 사실을 통보받은 때

업무

❶ 미용사의 업무범위

미용사의 면허를 받지 아니한 자는 미용업을 개설하거나 그 업무에 종사 불가. 다만, 미용사의 지도/감독을 받아 미용 업무의 보조를 행하는 경우는 가능

☑더 알아보기

업무의 보조범위
• 미용 업무를 위한 사전 준비에 관한 사항
• 미용 업무를 위한 기구·제품 등의 관리에 관한 사항
• 영업소의 청결 유지 등 위생관리에 관한 사항
• 그 밖에 머리감기 등 미용 업무의 보조에 관한 사항

❷ 미용업의 영업범위

미용 업무는 영업소 외의 장소에서 행할 수 없으나, 보건복지부령이 정하는 아래의 특별한 사유가 있는 경우 가능
• 질병·고령·장애나 그 밖의 사유로 영업소에 나올 수 없는 자에 대해 미용을 하는 경우
• 혼례나 그 밖의 의식에 참여하는 자에 대해 그 의식 직전에 미용을 하는 경우
• 사회복지시설에서 봉사활동으로 미용을 하는 경우
• 방송 등의 촬영에 참여하는 사람에 대하여 그 촬영 직전에 미용을 하는 경우
• 그 외 특별한 사정이 있다고 시장·군수·구청장이 인정하는 경우

행정지노감독

영업소 출입 검사	• 공중위생관리상 필요하다고 인정하는 때에는 공중위생영업자에 대하여 필요한 보고를 하게 함 • 소속 공무원으로 하여금 영업소, 사무소 등에 출입하여 공중위생영업자의 위생관리의무이행 등에 대하여 검사하게 하거나 필요에 따라 공중위생영업장 서류를 열람
영업 제한	공익상 또는 선량한 풍속을 유지하기 위하여 필요하다고 인정하는 때에는 공중위생영업자 및 종사원에 대하여 영업시간 및 영업행위에 관한 필요한 제한을 할 수 있음(시·도지사, 시장·군수·구청장의 권한)

영업소 폐쇄	시장·군수·구청장은 미용업자가 아래의 사항을 위반하면 6개월 이내의 기간을 정하여 영업의 정지 또는 일부 시설의 사용중지 및 폐쇄를 명할 수 있음 • 영업신고를 하지 아니하거나 시설과 설비기준을 위반한 경우 • 변경신고나 지위승계신고를 하지 아니한 경우 • 위생관리의무 등을 지키지 아니한 경우 • 영업소 외의 장소에서 미용 업무를 한 경우 • 관계 공무원의 출입·검사 또는 공중위생영업 장부 또는 서류의 열람을 거부·방해하거나 기피한 경우 • 「성매매알선 등 행위의 처벌에 관한 법률」, 「풍속영업의 규제에 관한 법률」, 「청소년 보호법」, 「아동·청소년의 성보호에 관한 법률」 또는 「의료법」을 위반하여 관계 행정기관의 장으로부터 그 사실을 통보받은 경우
영업소 폐쇄 명령 위반 시 조치사항	• 해당 영업소의 간판, 기타 영업표지물의 제거 • 해당 영업소가 위법한 영업소임을 알리는 게시물 등의 부착 • 영업을 위하여 필수불가결한 기구 또는 시설물을 사용할 수 없게 하는 봉인

공중위생감시원 임명(시·도지사, 시장·군수·구청장 권한)

자격	• 위생사 또는 환경기사 2급 이상의 자격증이 있는 사람 • 「고등교육법」에 따른 대학에서 화학, 화공학, 환경공학 또는 위생학 분야를 전공하고 졸업한 사람 또는 법령에 따라 이와 같은 수준 이상의 학력이 있다고 인정되는 사람 • 외국에서 위생사 또는 환경기사의 면허를 받은 사람 • 1년 이상 공중위생 행정에 종사한 경력이 있는 사람
업무	• 공중위생영업 관련 시설 및 설비의 위생상태 확인, 검사, 위생관리의무 및 영업자 준수사항 이행 여부 확인 • 위생지도 및 개선명령 이행여부의 확인 • 영업의 정지, 일부 시설의 사용중지 또는 영업소 폐쇄명령 이행여부의 확인 • 위생교육 이행여부의 확인

명예공중위생감시원 임명(시·도지사 권한)

자격	• 공중위생에 대한 지식과 관심이 있는 자 • 소비자단체, 공중위생관련 협회 또는 단체의 직원 중에서 당해 단체 등의 장이 추천하는 자
업무	• 공중위생감시원이 행하는 검사대상물의 수거 지원 • 법령 위반행위 시에 대한 신고 및 자료 제공 • 공중위생에 관한 홍보·계몽 등 공중위생관리업무와 관련하여 시·도지사가 따로 정하여 부여하는 업무

업소 위생등급

❶ 위생서비스 평가
- 시 · 도지사가 위생서비스 평가 계획 수립
- 시장 · 군수 · 구청장은 수립된 계획에 따라 평가
- 시장 · 군수 · 구청장이 인정하는 경우 관련 기관에서 평가 실시

❷ 위생서비스 수준의 평가 주기
- 2년 마다 실시

❸ 위생관리등급의 구분

최우수업소	우수업소	일반관리대상 업소
녹색등급	황색등급	백색등급

❹ 위생관리등급의 공표
- 시장 · 군수 · 구청장은 위생서비스 평가결과에 따른 위생관리등급을 해당 공중위생영업자에게 통보하고 이를 공표
- 공중위생영업자는 위생관리등급의 표지를 영업소의 명칭과 함께 영업소의 출입구에 부착 가능

❺ 위생 감시(시 · 도지사, 시장 · 군수 · 구청장)
- 시 · 도지사 또는 시장 · 군수 · 구청장은 위생서비스의 평가결과에 따른 위생관리등급별로 영업소에 대한 위생 감시를 실시
- 영업소에 대한 출입검사와 위생감시의 실시주기 및 횟수 등 위생관리등급별 위생 감시 기준은 보건복지부령으로 정함

위생교육

❶ 영업자 위생교육
- 영업자는 매년 3시간 필수 교육
- 새로 영업신고 하려면 위생교육 사전 이수 필수

☑ 더 알아보기

영업 개시 후 6개월 내 교육이 인정되는 경우
- 천재지변, 본인의 질병 · 사고, 업무상 국외 출장 등의 사유로 교육을 받을 수 없는 경우
- 교육을 실시하는 단체의 사정 등으로 미리 교육을 받기 불가능한 경우

- 교육 내용
  - 공중위생관리법 및 관련법규
  - 소양교육(친절 및 청결에 관한 사항 포함)
  - 기술교육
  - 그 밖의 공중위생에 관하여 필요한 내용
- 교육 대체 사유와 면제 사유

교육 대체 사유	위생교육 대상자 중 도서 벽지 지역에서 영업을 하고 있거나 하려는 자에 대하여는 교육교재를 배부하여 이를 익히고 활용함으로써 교육에 갈음
교육 면제 사유	위생교육을 받은 날로부터 2년 이내에 위생교육을 받은 업종과 같은 업종의 영업을 하려는 경우에는 해당 영업에 대한 위생교육을 받은 것으로 갈음

❷ 위생교육기관
- 위생교육기관 자격: 보건복지부장관이 허가한 단체 또는 공중위생업자 단체
- 위생교육기관의 의무
  - 위생교육 실시 단체의 장은 수료증을 교부
  - 교육 후 1개월 이내 시장·군수·구청장에게 통보
  - 수료증, 교부대장 등 교육에 관한 기록은 2년 이상 보관·관리
  - 교육교재를 편찬하여 교육 대상자에게 제공

벌칙과 과태료

❶ 위반자에 대한 벌칙(징역 또는 벌금)과 과징금

1년 이하의 징역 또는 1천만 원 이하의 벌금	• 공중위생영업의 신고를 하지 아니하고 영업한 자 • 영업소 폐쇄 명령을 받고도 계속해서 영업한 자 • 영업정지, 일부 시설의 사용 중지 명령을 받고도 그 기간 중 영업하거나 그 시설을 사용한 자
6개월 이하의 징역 또는 500만 원 이하의 벌금	• 공중위생영업의 변경 신고를 하지 않은 자 • 공중위생영업의 지위를 승계한 자로서 신고(1월 이내)를 아니한 자 • 건전한 영업 질서를 위하여 준수해야 할 사항을 준수하지 아니한 자
300만 원 이하의 벌금	• 이용사 면허를 빌려주거나 빌린 사람 • 면허의 취소 또는 정지 중 미용업을 한 사람 • 면허를 받지 아니하고 미용업을 개설하거나 그 업무에 종사한 사람
과징금 처분	• 영업정지 처분에 갈음하여 1억 원 이하의 과징금을 부과 • 통지받은 날로부터 20일 이내에 과징금을 납부 • 과징금 부과 권한은 시장·군수·구청장에게 있음 • 과징금 징수 절차는 보건복지부령으로 정함

❷ 과태료 규정 및 처분

과태료 부과	보건복지부장관 또는 시장, 군수, 구청장이 부과·징수
300만 원 이하의 과태료	• 관계 공무원의 출입·검사 그 밖의 조치를 거부·방해 또는 기피한 경우 • 미용 시설 및 설비 개선 명령을 위반한 경우
200만 원 이하의 과태료	• 미용업소의 위생관리의무를 지키지 않은 경우 • 영업소 이외의 장소에서 미용 업무를 행한 경우 • 위생교육을 받지 않은 경우

❸ 양벌규정

법인의 대표자, 법인 또는 개인의 대리인, 사용인, 그 밖의 종업원이 위반행위를 하면 행위자를 벌하는 외에 그 법인 또는 개인에게도 해당 조문의 벌금형 부과

▶ 행정처분

위반행위	행정처분기준			
	1차 위반	2차 위반	3차 위반	4차 이상 위반
가. 법 제3조 제1항 전단에 따른 영업신고를 하지 않거나 시설과 설비기준을 위반한 경우				
1) 영업신고를 하지 않은 경우	영업장 폐쇄명령			
2) 시설 및 설비기준을 위반한 경우	개선명령	영업정지 15일	영업정지 1월	영업장 폐쇄명령
나. 법 제3조 제1항 후단에 따른 변경신고를 하지 않은 경우				
1) 신고를 하지 않고 영업소의 명칭 및 상호 또는 영업장 면적의 3분의 1 이상을 변경한 경우	경고 또는 개선명령	영업정지 15일	영업정지 1월	영업장 폐쇄명령
2) 신고를 하지 않고 영업소의 소재지를 변경한 경우	영업정지 1월	영업정지 2월	영업장 폐쇄명령	
다. 법 제3조의2 제4항에 따른 지위승계신고를 하지 않은 경우	경고	영업정지 10일	영업정지 1월	영업장 폐쇄명령
라. 법 제4조에 따른 공중위생영업자의 준수사항을 지키지 않은 경우				
1) 소독을 한 기구와 소독을 하지 않은 기구를 각각 다른 용기에 넣어 보관하지 아니하거나 1회용 면도날을 2인 이상의 손님에게 사용한 경우	경고	영업정지 5일	영업정지 10일	영업장 폐쇄명령
2) 이·미용업 신고증 및 면허증 원본을 게시하지 않거나 업소 내 조명도를 준수하지 않은 경우	경고 또는 개선명령	영업정지 5일	영업정지 10일	영업장 폐쇄명령

3) 별표4 제4호 자목 전단을 위반하여 개별 미용서비스의 최종 지급가격 및 전체 미용서비스의 총액에 관한 내역서를 이용자에게 미리 제공하지 않은 경우	경고	영업정지 5일	영업정지 10일	영업정지 1월
마. 법 제5조를 위반하여 카메라나 기계장치를 설치한 경우	영업정지 1월	영업정지 2월	영업장 폐쇄명령	
바. 법 제7조 제1항 각 호의 어느 하나에 해당하는 면허정지 및 면허 취소 사유에 해당하는 경우				
1) 법 제6조 제2항 제1호부터 제4호까지에 해당하게 된 경우	면허취소			
2) 면허증을 다른 사람에게 대여한 경우	면허정지 3월	면허정지 6월	면허취소	
3) 「국가기술자격법」에 따라 자격이 취소된 경우	면허취소			
4) 「국가기술자격법」에 따라 자격정지처분을 받은 경우(「국가기술자격법」에 따른 자격정지처분 기간에 한정한다)	면허정지			
5) 이중으로 면허를 취득한 경우(나중에 발급받은 면허를 말한다)	면허취소			
6) 면허정지처분을 받고도 그 정지 기간 중 업무를 한 경우	면허취소			
사. 법 제8조 제2항을 위반하여 영업소 외의 장소에서 이·미용 업무를 한 경우	영업정지 1월	영업정지 2월	영업장 폐쇄명령	
아. 법 제9조에 따른 보고를 하지 않거나 거짓으로 보고한 경우 또는 관계 공무원의 출입, 검사 또는 공중위생영업 장부 또는 서류의 열람을 거부·방해하거나 기피한 경우	영업정지 10일	영업정지 20일	영업정지 1월	영업장 폐쇄명령
자. 법 제10조에 따른 개선명령을 이행하지 않은 경우	경고	영업정지 10일	영업정지 1월	영업장 폐쇄명령
차. 「성매매알선 등 행위의 처벌에 관한 법률」, 「풍속영업의 규제에 관한 법률」, 「청소년 보호법」, 「아동·청소년의 성보호에 관한 법률」 또는 「의료법」을 위반하여 관계 행정기관의 장으로부터 그 사실을 통보받은 경우				
1) 손님에게 성매매알선 등 행위 또는 음란행위를 하게 하거나 이를 알선 또는 제공한 경우				
가) 영업소	영업정지 3월	영업장 폐쇄명령		

	면허정지 3월	면허취소		
나) 미용사	면허정지 3월	면허취소		
2) 손님에게 도박 그 밖에 사행행위를 하게 한 경우	영업정지 1월	영업정지 2월	영업장 폐쇄명령	
3) 음란한 물건을 관람·열람하게 하거나 진열 또는 보관한 경우	경고	영업정지 15일	영업정지 1월	영업장 폐쇄명령
4) 무자격안마사로 하여금 안마사의 업무에 관한 행위를 하게 한 경우	영업정지 1월	영업정지 2월	영업장 폐쇄명령	
카. 영업정지처분을 받고도 그 영업정지 기간에 영업을 한 경우	영업장 폐쇄명령			
타. 공중위생영업자가 정당한 사유 없이 6개월 이상 계속 휴업하는 경우	영업장 폐쇄명령			
파. 공중위생영업자가 「부가가치세법」 제8조에 따라 관할 세무서장에게 폐업신고를 하거나 관할 세무서장이 사업자 등록을 말소한 경우	영업장 폐쇄명령			
하. 공중위생영업자가 영업을 하지 않기 위하여 영업시설의 전부를 철거한 경우	영업장 폐쇄명령			

PART 02

8개년
CBT 기출복원문제
(2018년~2025년)

제1회 CBT 기출복원문제

★★★
01

주로 짧은 헤어스타일의 헤어커트 시 두부 상부에 있는 두발은 길고 하부로 갈수록 짧게 커트해서 두발의 길이에 작은 단차가 생기게 한 커트 기법은?

① 스퀘어 커트(square cut)
② 원랭스 커트(one length cut)
③ 레이어 커트(layer cut)
④ **그라데이션 커트(gradation cut)**

> 그라데이션 커트는 두부 상부는 길고 하부로 갈수록 짧아지는 형태로, 자연스러운 층이 생기도록 하는 커트 기법이다. 무게선이 아래쪽에 형성되는 것이 특징이다.

★★
02

한국의 고대 미용의 발달사를 설명한 것 중 틀린 것은?

① **헤어스타일(모발형)에 관해서 문헌에 기록된 고구려 벽화는 없었다.**
② 헤어스타일(모발형)은 신분의 귀천을 나타냈다.
③ 헤어스타일(모발형)은 조선시대 때 쪽진머리, 큰머리, 조짐머리가 성행하였다.
④ 헤어스타일(모발형)에 관해서 삼한시대에 기록된 내용이 있다.

> 고구려 벽화에는 다양한 생활상이 표현되어 있으며 헤어스타일 또한 구체적인 기록이 있다. 삼한시대와 조선시대에는 머리 모양이 신분을 나타내는 중요한 요소였고, 문헌 기록도 남아 있다.

★
03

미용의 필요성으로 가장 거리가 먼 것은?

① 인간의 심리적 욕구를 만족시키고 생산의욕을 높이는데 도움을 주므로 필요하다.
② 미용의 기술로 외모의 결점 부분까지도 보완하여 개성미를 연출해주므로 필요하다,
③ **노화를 전적으로 방지해주므로 필요하다.**
④ 현대생활에서는 상대방에게 불쾌감을 주지 않는 것이 중요하므로 필요하다.

> 미용은 외모 개선, 심리적 만족, 사회적 이미지 향상 등 다양한 목적을 가진다. 하지만 노화를 '전적으로 방지'하는 기능은 없다. 미용은 노화를 늦추거나 보완할 수는 있지만, 완전히 막을 수 없다.

★
04

프라이머의 사용 방법이 아닌 것은?

① **프라이머는 한 번만 바른다.**
② 주요 성분은 메타크릴릭산(methacrylic acid)이다.
③ 피부에 닿지 않게 조심해서 다루어야 한다.
④ 아크릴 볼이 잘 접착되도록 자연 손톱에 바른다.

> 프라이머는 인조손톱 시술 시 자연손톱과 아크릴 제품의 접착력을 높이는 역할을 한다. 하지만 한 번만 바르는 것이 아니라, 필요에 따라 얇게 여러 번 바르기도 한다.

05

과산화수소(산화제) 6%의 설명이 맞는 것은?

① 10볼륨 　　　　　　② **20볼륨**
③ 30볼륨 　　　　　　④ 40볼륨

> 염색 · 탈색에서 사용하는 산화제는 볼륨(volume)으로 농도를 표시한다. 3% = 10V, 6% = 20V, 9% = 30V, 12% = 40V이며, 20볼륨은 기본적인 염색 · 밝기 조절에 가장 널리 사용된다.

06

누에고치에서 추출한 성분과 난황성분을 함유한 샴푸제로서 모발에 영양을 공급해 주는 샴푸는?

① 산성 샴푸(acid shampoo)
② 컨디셔닝 샴푸(conditioning shampoo)
③ **프로테인 샴푸(protein shampoo)**
④ 드라이 샴푸(dry shampoo)

> 누에고치(실크 단백질)와 난황 단백질을 포함한 샴푸는 모발의 손상된 단백질 구조를 보완해주는 기능이 있다. 손상모 · 건조모에 특히 효과적이다.

07

전체적인 머리모양을 종합적으로 관찰하여 수정 보완시켜 완전히 끝맺도록 하는 것은?

① 통칙 　　　　　　② 제작
③ **보정** 　　　　　　④ 구상

> 헤어디자인 과정에서 보정 단계는 전체적인 균형 · 볼륨 · 라인을 최종 점검하고 수정하는 과정이다. 마무리 단계이므로 전체 조화를 보는 시각이 중요하다.

08

동물의 부드럽고 긴 털을 사용한 것이 많고 얼굴이나 턱에 붙은 털이나 비듬 또는 백분을 털어내는데 사용하는 브러시는?

① 포마드 브러시
② 쿠션 브러시
③ **훼이스 브러시**
④ 롤 브러시

> 훼이스 브러시는 얼굴이나 턱에 붙은 털, 비듬, 파우더 잔여물을 털어내는 데 사용한다. 동물의 부드러운 털로 제작되는 경우가 많아 피부 자극이 적다.

09

헤어세트용 빗의 사용과 취급방법에 대한 설명 중 틀린 것은?

① 두발의 흐름을 아름답게 매만질 때는 빗살이 고운살로 된 세트빗을 사용한다.
② 엉킨 두발을 빗을 때는 빗살이 얼레살로 된 얼레빗을 사용한다.
③ 빗은 사용 후 브러시로 털거나 비눗물에 담가 브러시로 닦은 후 소독하도록 한다.
④ **빗의 소독은 손님 약 5인에게 사용했을 때 1회씩 하는 것이 적합하다.**

> 빗은 손님마다 교차 오염이 일어나기 쉬운 도구이므로, 손님 1인 사용 후마다 소독하는 것이 원칙이다.

10

마셀 웨이브 시술에 관한 설명 중 틀린 것은?

① 프롱은 아래쪽, 그루브는 위쪽을 향하도록 한다.
② 아이론의 온도는 120~140℃를 유지시킨다.
③ 아이론을 회전시키기 위해서는 먼저 아이론을 정확하게 쥐고 반대쪽에 45도 각도로 위치시킨다.
④ 아이론의 온도가 균일할 때 웨이브가 일률적으로 완성된다.

> 마셀 웨이브 시에는 프롱(볼록 부분)이 위, 그루브(오목 부분)가 아래를 향하도록 사용하는 것이 기본이다.

11

모발의 결합 중 수분에 의해 일시적으로 변형되며, 드라이어의 열을 가하면 다시 재결합되어 형태가 만들어지는 결합은?

① S-S 결합
② 펩타이드 결합
③ 수소결합
④ 염 결합

> 수소결합은 물에 젖거나 열을 가했을 때 쉽게 끊어지고, 다시 건조·냉각되면 재결합되는 일시적 결합이다. 드라이, 롤 세팅 등에서 모양이 잡히는 원리가 바로 이 수소결합의 재배열이다.

12

두부 라인의 명칭 중에서 코의 중심을 통해 두부 전체를 수직으로 나누는 선은?

① 정중선
② 측중선
③ 수평선
④ 측두선

> 정중선은 얼굴의 중앙, 즉 코의 중심을 지나 두부를 좌우로 나누는 수직 기준선이다. 헤어커트, 파트 구분, 대칭 디자인을 잡을 때 가장 기본이 되는 기준선이다.

13

원형 얼굴을 기본형에 가깝도록 하기 위한 각 부위의 화장법으로 맞는 것은?

① 얼굴의 양 관자놀이 부분을 화사하게 해준다.
② 이마와 턱의 중간부는 어둡게 해준다.
③ 눈썹은 활모양이 되지 않도록 약간 치켜 올린듯하게 그린다.
④ 콧등은 뚜렷하고 자연스럽게 뻗어 나가도록 어둡게 표현한다.

> 원형 얼굴은 둥글고 넓어 보이기 쉬우므로, 세로선을 강조해 길어 보이게 하는 것이 핵심이다. 눈썹을 약간 치켜 올린 듯한 형태로 그리면 시선이 위로 향해 얼굴이 더 입체적이고 길어 보이는 효과가 있다.

14

다음 중 염색시술 시 모표피의 안정과 염색의 퇴색을 방지하기 위해 가장 적합한 것은?

① 샴푸(shampoo)
② 플레인 린스(plain rinse)
③ 알칼리 린스(akali rinse)
④ 산성균형 린스(acid balanced rinse)

> 염색 후 모발은 알칼리성으로 치우쳐 큐티클이 열려 있는 상태이다. 산성균형 린스를 사용하면 pH를 약산성으로 되돌려 모표피를 닫아주고 색소의 유출을 줄여 퇴색을 방지할 수 있다.

15

다음 중 스퀘어 파트에 대하여 옳게 설명한 것은?

① 이마의 양쪽은 사이드 파트를 하고, 두정부 가까이에서 얼굴의 두발이 난 가장자리와 수평이 되도록 모나게 가르마를 타는 것
② 이마의 양각에서 나누어진 선이 두정부에서 함께 만난 세모꼴의 가르마를 타는 것
③ 사이드(side) 파트로 나눈 것
④ 파트의 선이 곡선으로 된 것

> 스퀘어 파트는 이마 양쪽에서 시작해 두정부 가까이까지 직선으로 나누는 가르마를 말한다. 사각형 형태의 분할이 만들어지기 때문에 '스퀘어'라는 이름이 붙었다. 정확한 파트 구분은 헤어스타일의 균형과 방향성을 결정하는 중요한 요소이다.

16

헤어 샴푸의 목적과 가장 거리가 먼 것은?

① 두피와 두발에 영양을 공급
② 헤어트리트먼트를 쉽게 할 수 있는 기초
③ 두발의 건전한 발육 촉진
④ 청결한 두피와 두발을 유지

> 샴푸의 본래 목적은 두피와 모발의 오염 제거, 즉 청결 유지이다. 영양 공급은 트리트먼트나 팩의 역할이며, 샴푸는 영양 공급 기능을 기본적으로 갖지 않는다.

17

건강모발의 pH 범위는?

① pH 3 ~ 4   ② pH 4.5 ~ 5.5
③ pH 6.5 ~ 7.5   ④ pH 8.5 ~ 9.5

> 건강한 모발과 두피는 pH 4.5~5.5의 약산성 상태를 유지한다. 이 범위가 유지될 때 큐티클이 안정되고 윤기와 탄력이 살아난다.

18

옛 여인들의 머리 모양 중 뒤통수에 낮게 머리를 땋아 틀어 올리고 비녀를 꽂은 머리 모양은?

① 민머리
② 얹은머리
③ 풍기병식 머리
④ 쪽진머리

> 쪽진머리는 조선시대 여성의 대표적인 전통 머리로, 뒤통수 아래에서 머리를 땋아 올린 뒤 비녀로 고정하는 형태이다. 단정하고 격식을 갖춘 스타일로 여겨졌다.

19

다음은 모발의 구조와 성질을 설명한 내용이다. 맞지 않는 것은?

① 두발은 주요 부분을 구성하고 있는 모표피, 모피질, 모수질 등으로 이루어졌으며, 주로 탄력성이 풍부한 단백질로 이루어져 있다.
② 케라틴은 다른 단백질에 비하여 유황의 함유량이 많은데, 황(s)은 시스틴(cystine)에 함유되어 있다.
③ 시스틴 결합(-s-s)은 알칼리에는 강한 저항력을 갖고 있으나 물, 알코올, 약산성이나 소금류에 대해서 약하다.
④ 케라틴의 폴리펩타이드는 쇠사슬 구조로서, 두발의 장축방향(長軸方向)으로 배열되어 있다.

> 시스틴 결합(S-S 결합)은 강한 결합이지만, 알칼리에는 약해 쉽게 끊어지고, 산성에는 비교적 안정적이다.

20

퍼머 2액의 취소산 염류의 농도로 맞는 것은?

① 1 ~ 2%
② 3 ~ 5%
③ 6 ~ 7.5%
④ 8 ~ 9.5%

> 퍼머 2액(중화제)은 3~5% 농도의 브롬산염 또는 과산화수소를 사용한다. 이 농도는 1액으로 끊어진 S-S 결합을 다시 안정적으로 재결합시키는 데 적합하다.

21

고기압 상태에서 올 수 있는 인체 장애는?

① 안구진탕증
② 잠함병
③ 레이노이드병
④ 섬유증식증

> 잠함병(감압병)은 고기압 환경에서 질소가 체내에 과도하게 용해되었다가 급격히 감압될 때 기포가 생겨 발생한다. 잠수부나 압력 작업자에게 흔하다.

22

접촉자의 색출 및 치료가 가장 중요한 질병은?

① 성병
② 암
③ 당뇨병
④ 일본뇌염

> 성병은 접촉을 통해 전파되므로, 감염자뿐 아니라 접촉자를 찾아 치료하는 것이 핵심이다. 방치하면 감염이 계속 확산된다.

23

다음 기생충 중 산란과 동시에 감염능력이 있으며 건조에 저항성이 커서 집단감염이 가장 잘되는 기생충은?

① 회충
② 십이지장충
③ 광절열두조충
④ 요충

> 요충은 알이 배출되자마자 감염력이 생기며, 손·옷·침구 등을 통해 쉽게 전파되어 집단감염이 흔하다.

24

보건행정의 정의에 포함되는 내용과 가장 거리가 먼 것은?

① 국민의 수명연장
② 질병예방
③ 공적인 행정활동
④ 수질 및 대기보전

> 보건행정은 국민 건강증진·질병예방·수명연장을 목표로 하는 공적인 행정활동이다. 수질·대기 보전은 환경행정의 영역이다.

25

생물학적 산소요구량(BOD)과 용존산소(DO)의 값은 어떤 관계가 있는가?

① BOD와 DO는 무관하다.
② BOD가 낮으면 DO는 낮다.
③ BOD가 높으면 DO는 낮다.
④ BOD가 높으면 DO도 높다.

> BOD가 높다는 것은 물속 유기물이 많아 미생물의 산소 소비가 많다는 뜻이다. 따라서 DO(용존산소량)는 감소한다.

★★★
26

장티푸스, 결핵, 파상풍 등의 예방접종은 어떤 면역인가?

☑ ① 인공능동면역
② 인공수동면역
③ 자연능동면역
④ 자연수동면역

> 예방접종은 항원을 체내에 넣어 스스로 항체를 만들게 하는 면역이므로, 인공능동면역에 해당한다.

★★★
27

식품을 통한 식중독 중 독소형 식중독은?

☑ ① 포도상구균 식중독
② 살모넬라균에 의한 식중독
③ 장염비브리오 식중독
④ 병원성 대장균 식중독

> 포도상구균 식중독은 세균이 만든 독소가 원인이다. 조리 후 보관이 잘못되면 독소가 생성되어 빠르게 증상이 나타난다.

★
28

야간작업의 폐해가 아닌 것은?

① 주야가 바뀐 부자연스런 생활
② 수면 부족과 불면증
☑ ③ 피로회복 능력 강화와 영양 저하
④ 식사시간, 습관의 파괴로 소화불량

> 야간작업은 생체리듬을 깨뜨려 피로·불면·소화불량을 유발한다. 피로회복 능력의 강화와는 거리가 멀다.

★★
29

일반적으로 이·미용업소의 실내 쾌적 습도 범위로 가장 알맞은 것은?

① 10 ~ 20%
② 20 ~ 40%
☑ ③ 40 ~ 70%
④ 70 ~ 90%

> 미용업소의 쾌적 습도는 40~70%이며, 이 범위는 고객과 종사자 모두에게 가장 편안한 환경을 제공한다.

★
30

다음 중 환경보전에 영향을 미치는 공해 발생 원인으로 관계가 먼 것은?

☑ ① 실내의 흡연
② 산업장 폐수 방류
③ 공사장의 분진 발생
④ 공사장의 굴착작업

> 실내 흡연은 개인 건강 문제이지, 대기·수질 등 환경보전의 공해 원인으로 보지 않는다.

★★
31

이상적인 소독제의 구비조건과 거리가 먼 것은?

① 생물학적 작용을 충분히 발휘할 수 있어야 한다.
② 빨리 효과를 내고 살균 소요시간이 짧을수록 좋다.
③ 독성이 적으면서 사용자에게도 자극성이 없어야 한다.
☑ ④ 원액 혹은 희석된 상태에서 화학적으로는 불안정된 것이라야 한다.

> 좋은 소독제는 화학적으로 안정적이어야 한다. 불안정하면 효과가 일정하지 않고 보관이 어렵다.

★★★
32

소독과 멸균에 관련된 용어 해설 중 틀린 것은?

① 살균: 생활력을 가지고 있는 미생물을 여러 가지 물리·화학적 작용에 의해 급속히 죽이는 것을 말한다.

② 방부: 병원성 미생물의 발육과 그 작용을 제거하거나 정지시켜서 음식물의 부패나 발효를 방지하는 것을 말한다.

③ 소독: 사람에게 유해한 미생물을 파괴시켜 감염의 위험성을 제거하는 비교적 강한 살균작용으로 세균의 포자까지 사멸하는 것을 말한다.

④ 멸균: 병원성 또는 비병원성 미생물 및 포자를 가진 것을 전부 사멸 또는 제거하는 것을 말한다.

> 소독은 병원성 미생물을 제거하는 과정으로, 포자까지 사멸시키지 못하며, 포자까지 완전히 사멸시키는 것은 멸균이다.

★★
33

소독약 10ml를 용액(물) 40ml에 혼합시키면 몇 %의 수용액이 되는가?

① 2%
② 10%
③ 20%
④ 50%

> 전체 용량 50ml 중 소독약이 10ml이므로 (10 ÷ 50) × 100 = 20%이다.

★★
34

건열멸균법에 대한 설명 중 틀린 것은?

① 드라이 오븐(dry oven)을 사용한다.
② 유리제품이나 주사기 등에 적합하다.
③ 젖은 손으로 조작하지 않는다.
④ 110 ~ 130℃에서 1시간 내에 실시한다.

> 건열멸균은 드라이 오븐을 사용하며, 160~180℃에서 1시간 이상 실시한다. 110~130℃는 너무 낮아 멸균이 되지 않는다.

★★★
35

이·미용업소에서 종업원이 손을 소독할 때 가장 보편적이고 적당한 것은?

① 승홍수 　　　　② 과산화수소
③ 역성비누 　　　④ 석탄수

> 역성비누는 피부 자극이 적고 살균력이 있어 이·미용업소에서 손 소독제로 가장 널리 사용된다.

★★★
36

살균력이 좋고 자극성이 적어서 상처소독에 많이 사용되는 것은?

① 승홍수 　　　　② 과산화수소
③ 포르말린 　　　④ 석탄산

> 과산화수소는 거품이 생기고, 오염 제거에 효과적이며 자극이 적어 상처 소독에 적합하다.

37

다음 중 음용수의 소독에 사용되는 소독제는?

① **표백분**
② 염산
③ 과산화수소
④ 요오드팅크

> 표백분(차아염소산칼슘)은 물 소독에 널리 사용되며, 염소소독은 가장 보편적이고 효과적이다.

38

다음 중 음료수의 소독방법으로 가장 적당한 방법은?

① 일광소독
② 자외선등 사용
③ **염소소독**
④ 증기소독

> 음료수 소독은 염소소독이 가장 안전하고 경제적이며, 자외선은 보조적 방법이다.

39

이 · 미용실의 기구(가위, 레이저) 소독으로 가장 적당한 약품은?

① **70~80%의 알코올**
② 100~200배 희석 역성비누
③ 5% 크레졸비누액
④ 50%의 페놀액

> 가위 · 레이저 등 금속 기구는 70~80% 알코올이 가장 적합하다. 살균력과 휘발성이 좋아 잔여물이 남지 않는다.

40

소독작용에 영향을 미치는 요인에 대한 설명으로 틀린 것은?

① 온도가 높을수록 소독 효과가 크다.
② **유기물질이 많을수록 소독 효과가 크다.**
③ 접속시간이 길수록 소독 효과가 크다.
④ 농도가 높을수록 소독 효과가 크다.

> 유기물이 많으면 소독제가 먼저 유기물과 반응해 살균 효과가 떨어진다.

41

다음 중 탄수화물, 지방, 단백질의 3가지를 지칭하는 것은?

① 구성영양소
② **열량영양소**
③ 조절영양소
④ 구조영양소

> 탄수화물 · 지방 · 단백질은 에너지를 공급하는 열량영양소로, 기초대사와 활동에 필요한 열량을 제공한다.

42

다음 중 기초화장품의 주된 사용 목적에 속하지 않는 것은?

① 세안
② 피부정돈
③ 피부보호
④ **피부채색**

> 기초화장품은 세안 · 보습 · 피부보호가 목적이며, 피부채색(색조 표현)은 색조화장품의 역할이다.

★★★
43

상피조직의 신진대사에 관여하며 각화정상화 및 피부 재생을 돕고 노화방지에 효과가 있는 비타민은?

① 비타민 C
② 비타민 E
③ **비타민 A**
④ 비타민 K

비타민 A는 피부 재생을 촉진하고 각질층을 정상화하여 노화방지에 효과적이다.

★★★
44

다음 중 일반적으로 건강한 모발의 상태는?

① 단백질 10~20%, 수분 10~15%, pH 2.5~4.5
② 단백질 20~30%, 수분 70~80%, pH 4.5~5.5
③ 단백질 50~60%, 수분 25~40%, pH 7.5~8.5
④ **단백질 70~80%, 수분 10~15%, pH 4.5~5.5**

건강한 모발은 단백질 70~80%, 수분 10~15%, pH 4.5~5.5로 구성된다.

★★★
45

다음 중 글리세린의 가장 중요한 작용은?

① 소독작용
② **수분유지작용**
③ 탈수작용
④ 금속염제거작용

글리세린은 강력한 보습·수분 유지제로 화장품에 널리 사용된다.

★★★
46

다음 중 멜라닌 색소를 함유하고 있는 부분은?

① 모표피
② **모피질**
③ 모수질
④ 모유두

멜라닌은 모피질(cortex)에 존재하며, 모발의 색을 결정한다.

★★★
47

피지선의 활성을 높여주는 호르몬은?

① **안드로겐**
② 에스트로겐
③ 인슐린
④ 멜라닌

안드로겐은 피지 분비를 증가시키는 호르몬으로 여드름 발생과도 관련이 있다.

★★
48

다음 중 식물성 오일이 아닌 것은?

① 아보카도 오일
② 피마자 오일
③ 올리브 오일
④ **실리콘 오일**

합성 오일인 실리콘 오일은 식물에서 추출하지 않는다.

★★ 49

피부의 기능이 아닌 것은?

① 피부는 강력한 보호 작용을 지니고 있다.
② **피부는 체온의 외부발산을 막고 외부온도 변화가 내부로 전해지는 작용을 한다.**
③ 피부는 땀과 피지를 통해 노폐물을 분비, 배설한다.
④ 피부도 호흡한다.

> 피부는 체온을 발산하는 역할을 하므로, 외부온도 전달을 막는다는 내용과는 거리가 멀다.

★★★ 50

여러 가지 꽃 향의 혼합된 세련되고 로맨틱한 향으로 아름다운 꽃다발을 안고 있는 듯, 화려하면서도 우아한 느낌을 주는 향수의 타입은?

① 싱글 플로럴(single floral)
② **플로럴 부케(floral boupuet)**
③ 우디(woody)
④ 오리엔탈(oriental)

> 플로럴 부케는 다양한 꽃 향을 조합한 향으로 우아하고 로맨틱한 느낌을 준다.

★★★ 51

공중위생관리법에서 규정하고 있는 공중위생영업의 종류에 해당되지 않는 것은?

① 이·미용업 ② 위생관리용역업
③ **학원영업** ④ 세탁업

> 학원영업은 교육업으로 공중위생영업에 속하지 않아 공중위생관리법의 적용 대상이 아니다.

★★ 52

영업소 외의 장소에서 이·미용 업무를 행할 수 있는 경우가 아닌 것은?

① 질병으로 영업소에 나올 수 없는 경우
② 결혼식 등의 의식 직전인 경우
③ **손님의 간곡한 요청이 있을 경우**
④ 시장·군수·구청장이 인정하는 경우

> 손님의 요청만으로는 영업소 외 시술이 허용되지 않는다. 질병·의식 직전·행정기관 인정 시 등의 경우에만 가능하다.

★★ 53

영업자의 지위를 승계한 자로서 신고를 하지 아니하였을 경우 해당하는 처벌기준은?

① 1년 이하의 징역 또는 1천만원 이하의 벌금
② **6월 이하의 징역 또는 500만원 이하의 벌금**
③ 200만원 이하의 벌금
④ 100만원 이하의 벌금

> 지위승계를 신고하지 않은 경우에는 6개월 이하의 징역 또는 500만원 이하의 벌금에 처한다.

★★★ 54

공익상 또는 선량한 풍속유지를 위하여 필요하다고 인정하는 경우에 이·미용업의 영업시간 및 영업행위에 관한 필요한 제한을 할 수 있는 자는?

① 관련 전문기관 및 단체장
② 보건복지부장관
③ 시·도지사
④ **시장·군수·구청장**

> 시장·군수·구청장은 지역 공익을 위해 영업시간 및 행위를 제한할 수 있다.

55

★★★

다음 중 이·미용사 면허를 취득할 수 없는 자는?

① 면허 취소 후 1년 경과자
② 독감환자
③ **마약중독자**
④ 전과기록자

마약 기타 대통령령으로 정하는 약물 중독자는 이용사 또는 미용사의 면허를 취득할 수 없다.

56

★★

처분기준이 2백만원 이하의 과태료가 아닌 것은?

① 규정을 위반하여 영업소 이외 장소에서 이·미용 업무를 행한 자
② 위생교육을 받지 아니한 자
③ 위생관리 의무를 지키지 아니한 자
④ **관계 공무원의 출입·검사·기타 조치를 거부· 방해 또는 기피한 자**

보고를 하지 아니하거나 관계공무원의 출입·검사 기타 조치를 거부·방해 또는 기피한 자는 300만원 이하의 과태료에 처한다 (공중위생관리법 제22조 제1항 제4호).

57

★★★

공중위생관리법상의 위생교육에 대한 설명 중 옳은 것은?

① **위생교육 대상자는 이·미용업 영업자이다.**
② 위생교육 대상자는 이·미용사이다.
③ 위생교육 시간은 매년 8시간이다.
④ 위생교육은 공중위생관리법 위반자에 한하여 받는다.

공중위생관리법에서 정한 위생교육의 대상은 이·미용업 영업자이다. 위생교육은 법 위반자만 받는 것이 아니라, 영업자의 위생관리 능력 향상을 위해 매년 정기적으로 실시되는 교육이다.

58

★★★

이·미용기구의 소독기준 및 방법을 정한 것은?

① 대통령령
② **보건복지부령**
③ 환경부령
④ 보건소령

이용기구 및 미용기구의 소독기준 및 방법은 시행규칙(보건복지부령) 제5조에 규정되어 있다.

59

★★

이·미용업자의 준수사항 중 틀린 것은?

① 소독한 기구와 하지 아니한 기구는 각각 다른 용기에 넣어 보관할 것
② 조명은 75럭스 이상 유지되도록 할 것
③ **신고증과 함께 면허증 사본을 게시할 것**
④ 1회용 면도날은 손님 1인에 한하여 사용할 것

면허증은 사본이 아닌 원본을 신고증과 함께 게시해야 한다.

60

★★

다음 중 이·미용사 면허를 받을 수 없는 경우에 해당하는 것은?

① 전문대학 또는 동등 이상의 학력이 있다고 교육부장관이 인정하는 학교에서 이용 또는 미용에 관한 학과 졸업자
② **교육부장관이 인정하는 중등학교에서 1년 이상 이·미용에 관한 소정의 과정을 이수한 자**
③ 국가기술자격법에 의한 이·미용사자격을 취득한 자
④ 교육부장관이 인정한 고등기술학교에서 1년 이상 이·미용에 관한 소정의 과정을 이수한 자

초·중등교육법령에 따른 특성화고등학교, 고등기술학교나 고등학교 또는 고등기술학교에 준하는 각종 학교에서 1년 이상 이용 또는 미용에 관한 소정의 과정을 이수한 자이므로, ②는 여기에 해당되지 않는다.

제2회 CBT 기출복원문제

01

다음 용어의 설명으로 틀린 것은?

① 버티컬 웨이브(vertical wave): 웨이브 흐름이 수평
② 리세트(reset): 세트를 다시 마는 것
③ 호리존탈 웨이브(horizontal wave): 웨이브 흐름이 가로 방향
④ 오리지널 세트(original set): 기초가 되는 최초의 세트

> 버티컬(vertical)은 '수직·세로'를 의미하므로 웨이브 흐름이 수직(세로) 방향이다.

02

핑거 웨이브(finger wave)와 관계없는 것은?

① 세팅로션, 물, 빗
② 크레스트(crest), 리지(ridge), 트로프(trough)
③ 포워드비기닝(forward beginning), 리버스비기닝(reverse beginning)
④ 테이퍼링(tapering), 싱글링(shingling)

> 핑거 웨이브는 손가락과 빗을 이용해 리지·크레스트·트로프를 만드는 기법이다. 테이퍼링·싱글링은 커트 또는 다른 세팅 기법에서 사용하는 용어이므로 관련이 없다.

03

스캘프 트리트먼트(scalp treatment)의 시술과정에서 화학적 방법과 관련 없는 것은?

① 양모제
② 헤어토닉
③ 헤어크림
④ 헤어스티머

> 헤어스티머는 열과 수분을 이용하는 물리적 장치이다. 화학적 방법은 양모제·토닉·크림 등 제품을 사용하는 방식이다.

04

빗(comb)의 손질법에 대한 설명으로 틀린 것은? (단, 금속 빗은 제외)

① 빗살 사이의 때는 솔로 제거하거나 심한 경우는 비눗물에 담근 후 브러시로 닦고 나서 소독한다.
② 증기소독과 자비소독 등 열에 의한 소독과 알코올 소독을 해준다.
③ 빗을 소독할 때는 크레졸수, 역성비누액 등이 이용되며 세정이 바람직하지 않은 재질은 자외선으로 소독한다.
④ 소독용액에 오랫동안 담가두면 빗이 휘어지는 경우가 있어 주의하고 끄집어낸 후 물로 헹구고 물기를 제거한다.

> 플라스틱·목재 빗은 열에 약하므로 증기·자비 소독은 부적합하다. 빗은 알코올·자외선 소독이 적합하다.

⭐⭐ 05

다음 중 헤어블리치에 관한 설명으로 틀린 것은?

① 과산화수소는 산화제이고 암모니아수는 알칼리제이다.
② 헤어블리치는 산화제의 작용으로 두발의 색소를 옅게 한다.
③ 헤어블리치제는 과산화수소에 암모니아수 소량을 더하여 사용한다.
❹ **과산화수소에서 방출된 수소가 멜라닌색소를 파괴시킨다.**

> 과산화수소는 산화 과정에서 산소(O)를 방출하며, 이 산소가 멜라닌을 탈색한다.

⭐⭐⭐ 06

네일 에나멜(nail enamel)에 함유된 주된 필름 형성제는?

① 톨루엔(toluent)
② 메타크릴산(methacrylic acid)
❸ **니트로셀룰로우즈(nitro cellulose)**
④ 라놀린(lanoline)

> 네일 에나멜의 막을 형성하는 핵심 성분은 니트로셀룰로오스이다. 건조 후 단단한 코팅막을 만들어 광택과 지속력을 높인다.

⭐⭐ 07

두발이 지나치게 건조해 있을 때나 두발의 염색에 실패했을 때의 가장 적합한 샴푸 방법은?

① 플레인 샴푸   ❷ **에그 샴푸**
③ 약산성 샴푸   ④ 토닉 샴푸

> 에그 샴푸는 단백질·지방 성분이 풍부해 손상모·건조모에 영양 공급이 가능하다.

⭐⭐⭐ 08

미용의 과정이 바른 순서로 나열된 것은?

❶ **소재 → 구상 → 제작 → 보정**
② 소재 → 보정 → 구상 → 제작
③ 구상 → 소재 → 제작 → 보정
④ 구상 → 제작 → 보정 → 소재

> 미용 과정은 '소재 → 구상 → 제작 → 보정' 순으로 진행된다. '기획 → 디자인 → 시술 → 수정'의 흐름이라고 이해하면 쉽다.

⭐⭐ 09

다음 중 커트를 하기 위한 순서로 가장 옳은 것은?

❶ **위그 → 수분 → 빗질 → 블로킹 → 슬라이스 → 스트랜드**
② 위그 → 수분 → 빗질 → 블로킹 → 스트랜드 → 슬라이스
③ 위그 → 수분 → 슬라이스 → 빗질 → 블로킹 → 스트랜드
④ 위그 → 수분 → 스트랜드 → 빗질 → 블로킹 → 슬라이스

> 커트는 '위그 착용 → 수분 공급 → 빗질 → 블로킹 → 슬라이스 → 스트랜드 커트' 순으로 진행된다. '기초 정리 → 구역 분할 → 세부 커트'의 흐름이다.

⭐⭐⭐ 10

첩지에 대한 내용으로 틀린 것은?

① 첩지의 모양은 봉과 개구리 등이 있다.
② 첩지는 조선시대 사대부의 예장 때 머리 위 가르마를 꾸미는 장식품이다.
❸ **왕비는 은 개구리 첩지를 사용하였다.**
④ 첩지는 내명부나 외명부의 신분을 밝혀주는 중요한 표시이기도 했다.

> 왕비는 금 개구리 첩지를 사용했다. 왕비가 은 개구리 첩지를 사용했다는 내용은 신분 체계와 맞지 않는다.

★★
11

레이어드 커트(layered cut)의 특징이 아닌 것은?

① 커트라인이 얼굴정면에서 네이프라인과 일직선인 스타일이다.
② 두피 면에서의 모발의 각도를 90도 이상으로 커트한다.
③ 머리형이 가볍고 부드러워 다양한 스타일을 만들 수 있다.
④ 네이프라인에서 탑 부분으로 올라가면서 모발의 길이가 점점 짧아지는 커트이다.

> 레이어드는 층을 내는 커트로, 정면에서 네이프와 일직선이 되는 형태가 아니다. 오히려 길이가 위로 갈수록 짧아지는 구조이다.

★★
12

두발 커트 시 두발 끝 1/3 정도를 테이퍼링하는 것은?

① 노멀 테이퍼링
② 딥 테이퍼링
③ 앤드 테이퍼링
④ 보스 사이드 테이퍼

> 노멀 테이퍼링은 모발 길이의 반정도인 1/2에서 테이퍼링하며, 딥 테이퍼링은 2/3 지점에서 테이퍼링한다.

★★
13

시스테인 퍼머넌트에 대한 설명으로 틀린 것은?

① 아미노산의 일종인 시스테인을 사용한 것이다.
② 환원제로 티오글리콜산염이 사용된다.
③ 모발에 대한 잔류성이 높아 주의가 필요하다.
④ 연모, 손상모의 시술에 적합하다.

> 시스테인 퍼머는 시스테인(아미노산)을 환원제로 사용한다. 티오글리콜산은 일반 콜드 퍼머의 환원제이다.

★★★
14

영구적 염모제에 대한 설명 중 틀린 것은?

① 제1액의 알칼리제로는 휘발성이라는 점에서 암모니아가 사용된다.
② 제2제인 산화제는 모피질내로 침투하여 수소를 발생시킨다.
③ 제1제 속의 알칼리제가 모표피를 팽윤시켜 모피질내 인공색소와 과산화수소를 침투시킨다.
④ 모피질내의 인공색소는 큰 입자의 유색 염료를 형성하여 영구적으로 착색된다.

> 과산화수소는 산소(O)를 방출하여 색소를 산화·발색시키므로, 수소(H)를 발생시키지 않는다.

★★
15

두피타입에 알맞은 스캘프 트리트먼트(scalp treatment)의 시술방법의 연결이 틀린 것은?

① 건성두피 - 드라이스캘프 트리트먼트
② 지성두피 - 오일리스캘프 트리트먼트
③ 비듬성두피 - 핫오일스캘프 트리트먼트 - 댄드러프 트리트먼트
④ 정상두피 - 플레인스캘프 트리트먼트

> 비듬성 두피는 핫오일이 아니라 댄드러프 전용 트리트먼트를 사용해야 한다.

★★
16

샴푸제의 성분이 아닌 것은?

① 계면활성제
② 점증제
③ 기포증진제
④ 산화제

> 샴푸는 계면활성제·점증제·기포제 등이 기본이며, 산화제는 염색·탈색제에 사용된다.

17 ★★

파운데이션 사용 시, 양 볼은 어두운색으로 이마 상단과 턱의 하부는 밝은 색으로 표현하면 좋은 얼굴형은?

① 긴형
❷ 둥근형
③ 사각형
④ 삼각형

> 긴형 얼굴은 세로 길이가 길어 보이므로, 중앙부를 강조하고 상·하단을 밝게 처리해 균형을 맞춘다.

18 ★

가위에 대한 설명 중 틀린 것은?

① 양날의 견고함이 동일해야 한다.
② 가위의 길이나 무게가 미용사의 손에 맞아야 한다.
❸ 가위 날이 반듯하고 두꺼운 것이 좋다.
④ 협신에서 날 끝으로 갈수록 약간 내곡선인 것이 좋다.

> 가위 날이 두꺼우면 커트가 부정확하고 모발이 밀릴 수 있으므로, 얇고 예리한 날이 기본 조건이다.

19 ★★★

모발의 측쇄결합으로 볼 수 없는 것은?

① 시스틴결합(cystine bond)
② 염결합(salt bond)
③ 수소결합(hydrogen bond)
❹ 폴리펩티드결합(poly peptide bond)

> 측쇄결합은 수소·염·시스틴 결합이며, 폴리펩티드는 모발 구조의 주축을 이루는 주쇄결합이다.

20 ★★★

두발에서 퍼머넌트 웨이브의 형성과 직접 관련이 있는 아미노산은?

❶ 시스틴(cystine)
② 알라닌(alanine)
③ 멜라닌(melanin)
④ 티로신(tyrosin)

> 시스틴은 S-S 결합을 이루는 아미노산으로, 퍼머 시 결합을 끊고 재결합하는 핵심 구조이다.

21 ★★★

수질오염을 측정하는 지표로서 물에 녹아있는 유리산소를 의미하는 것은?

❶ 용존산소(DO)
② 생물화학적산소요구량(BOD)
③ 화학적산소요구량(COD)
④ 수소이온농도(pH)

> 용존산소(DO)는 물의 자정능력과 오염 정도를 판단하는 핵심 지표로, 오염이 심할수록 DO는 감소한다.

22 ★★

출생률보다 사망률이 낮으며 14세 이하 인구가 65세 이상 인구의 2배를 초과하는 인구 구성형은?

❶ 피라미드형　　　② 종형
③ 항아리형　　　④ 별형

> 피라미드형은 출생률과 사망률이 높으나 상대적으로 출생률이 사망률보다 높아 14세 이하 인구가 65세 이상 인구의 2배를 초과한다.

✿✿✿ 23

보건행정에 대한 설명으로 가장 올바른 것은?

① 공중보건의 목적을 달성하기 위해 공공의 책임하에 수행하는 행정활동
② 개인보건의 목적을 달성하기 위해 공공의 책임하에 수행하는 행정활동
③ 국가 간의 질병교류를 막기 위해 공공의 책임하에 수행하는 행정활동
④ 공중보건의 목적을 달성하기 위해 개인의 책임하에 수행하는 행정활동

> 보건행정은 국민 건강을 위해 국가와 지방자치단체가 책임지고 수행하는 행정활동이다.

✿✿✿ 24

콜레라 예방접종은 어떤 면역방법인가?

① 인공수동면역
② 인공능동면역
③ 자연수동면역
④ 자연능동면역

> 항원을 투여해 스스로 항체를 생성하는 방식이므로 인공능동면역이다.

✿✿ 25

기생충의 인체내 기생 부위 연결이 잘못된 것은?

① 구충증 - 폐
② 간흡충증 - 간의 담도
③ 요충증 - 직장
④ 폐흡충 - 폐

> 구충(십이지장충)은 폐가 아니라 소장에 기생한다.

✿ 26

다음 중 불량 조명에 의해 발생되는 직업병이 아닌 것은?

① 안정피로
② 근시
③ 근육통
④ 안구진탕증

> 불량조명은 눈 질환과 관련되므로, 근육통은 조명과 직접 관련이 없다.

✿✿✿ 27

주로 여름철에 발병하며 어패류 등의 생식이 원인이 되어 복통, 설사 등의 급성위장염 증상을 나타내는 식중독은?

① 포도상구균 식중독
② 병원성대장균 식중독
③ 장염비브리오 식중독
④ 보툴리누스균 식중독

> 장염비브리오 식중독은 고온·어패류 섭취(생식)와 관련이 깊다.

✿✿ 28

다음 중 비타민(Vitamin)과 그 결핍증과의 연결이 틀린 것은?

① Vitamin B2 - 구순염
② Vitamin D - 구루병
③ Vitamin A - 야맹증
④ Vitamin C - 각기병

> 비타민 C 결핍은 괴혈병이며, 각기병은 B1 결핍이다.

29 ★★

일반적으로 돼지고기 생식에 의해 감염될 수 없는 것은?

① 유구조충
② 무구조충
③ 선모충
④ 살모넬라

> 무구조충은 소고기와 관련 있으며 돼지고기 생식과 무관하다.

30 ★★

실내에 다수인이 밀집한 상태에서 실내공기의 변화는?

① 기온 상승 – 습도 증가 – 이산화탄소 감소
② 기온 하강 – 습도 증가 – 이산화탄소 감소
③ 기온 상승 – 습도 증가 – 이산화탄소 증가
④ 기온 상승 – 습도 감소 – 이산화탄소 증가

> 사람이 많아지면 체열·호흡으로 인해 온도·습도·이산화탄소(CO_2) 모두 증가한다.

31 ★★

고압증기멸균법에서 20파운드(Lbs)의 압력에서는 몇 분간 처리하는 것이 가장 적절한가?

① 40분
② 30분
③ 15분
④ 5분

> 121℃, 20파운드에서는 15분이 표준 멸균 시간이다.

32 ★★★

광견병의 병원체는 어디에 속하는가?

① 세균(bacteria)
② 바이러스(virus)
③ 리케차(rickettsia)
④ 진균(fungi)

> 광견병은 바이러스성 질환이다.

33 ★★★

다음 중 열에 대한 저항력이 커서 자비소독법으로 사멸되지 않는 균은?

① 콜레라균
② 결핵균
③ 살모넬라균
④ B형간염 바이러스

> B형간염 바이러스는 열에 강해 끓이는 소독으로는 사멸되지 않는다.

34 ★★

레이저(Razor) 사용 시 헤어살롱에서 교차 감염을 예방하기 위해 주의할 점이 아닌 것은?

① 매 고객마다 새로 소독된 면도날을 사용해야 한다.
② 면도날을 내민 고객마다 갈아 끼우기 어렵지만, 하루에 한 번은 반듯이 새것으로 교체해야만 한다.
③ 레이저 날이 한 몸체로 분리가 안 되는 경우 70% 알코올을 적신 솜으로 반드시 소독 후 사용한다.
④ 면도날을 재사용해서는 안 된다.

> 하루 한 번 교체는 절대 안되며, 매 고객마다 1회용 면도날 사용이 원칙이다.

✦✦✦ 35

손 소독과 주사할 때 피부소독 등에 사용되는 에틸알코올(ethylalcohol)은 어느 정도의 농도에서 가장 많이 사용되는가?

① 20% 이하
② 60% 이하
❸ 70 ~ 80%
④ 90 ~ 100%

> 70~80% 농도에서 단백질 변성 효과가 가장 높아 살균력이 최적이다.

✦✦✦ 36

이·미용업소에서 일반적 상황에서의 수건 소독법으로 가장 적합한 것은?

① 석탄산 소독
② 크레졸 소독
❸ 자비 소독
④ 적외선 소독

> 수건은 섬유 제품이므로 자비소독(끓이기)이 가장 안전하고 효과적이다.

✦✦✦ 37

이·미용업소에서 B형간염의 전염을 방지하려면 다음 중 어느 기구를 가장 철저히 소독하여야 하는가?

① 수건
② 머리빗
❸ 면도칼
④ 클리퍼(전동형)

> 면도칼은 혈액 접촉 위험이 높아 가장 철저한 소독이 필요하다.

✦✦✦ 38

소독제의 살균력을 비교할 때 기준이 되는 소독약은?

① 요오드
② 승홍
❸ 석탄산
④ 알코올

> 석탄산(페놀)은 소독제의 기준 물질로 사용된다.

✦✦ 39

3%의 크레졸 비누액 900ml를 만드는 방법으로 옳은 것은?

① 크레졸 원액 270ml에 물 630ml를 가한다.
❷ 크레졸 원액 27ml에 물 873ml를 가한다.
③ 크레졸 원액 300ml에 물 600ml를 가한다.
④ 크레졸 원액 200ml에 물 700ml를 가한다.

> 900ml × 0.03 = 27ml이므로, 크레졸 27ml에 물 873ml를 첨가한다.

✦✦ 40

소독약의 구비조건으로 틀린 것은?

❶ 값이 비싸고 위험성이 없다.
② 인체에 해가 없으며 취급이 간편하다.
③ 살균하고자 하는 대상물을 손상시키지 않는다.
④ 살균력이 강하다.

> 소독약은 저렴하고 안전하며, 효과는 강력하면서 안전성이 높아야 한다.

★★★
41

다음 중 피부의 각질, 털, 손톱, 발톱의 구성성분인 케라틴을 가장 많이 함유한 것은?

① **동물성 단백질**
② 동물성 지방질
③ 식물성 지방질
④ 탄수화물

> 각질·털·손톱·발톱은 주로 동물성 단백질(케라틴)로 구성된다.

★★
42

노화피부의 특징이 아닌 것은?

① **노화피부는 탄력이 좋고 수분도 좋다.**
② 피지분비가 원활하지 못하다.
③ 주름이 형성되어 있다.
④ 색소침착 불균형이 나타난다.

> 노화피부의 일반적인 특징은 탄력 저하, 수분 감소, 피지분비 감소, 주름 형성, 색소침착 불균형이다.

★★★
43

피부진균에 의하여 발생하며 습한 곳에서 발생빈도가 가장 높은 것은?

① 모낭염
② **족부백선**
③ 붕소염
④ 티눈

> 족부백선(무좀)은 습하고 밀폐된 환경에서 가장 흔하게 발생한다.

★★
44

기미를 악화시키는 주요한 원인이 아닌 것은?

① 경구피임약의 복용
② 임신
③ **자외선 차단**
④ 내분비 이상

> 자외선 차단은 기미를 악화시키는 것이 아니라 예방하는 요소이다.

★★★
45

다음 중 피지선과 가장 관련이 깊은 질환은?

① 사마귀
② **주사(rosacea)**
③ 한관종
④ 백반증

> 주사(rosacea)는 피지선 활동과 혈관 반응 이상이 함께 나타나는 질환이다.

★★
46

박하(peppermint)에 함유된 시원한 느낌으로 혈액순환 촉진 성분은?

① 자이리톨(xylitol)
② **멘톨(menthol)**
③ 알코올(alcohol)
④ 마조람오일(majoram oil)

> 박하(peppermint)에 들어 있는 멘톨은 바르면 시원한 느낌을 주고, 혈관을 확장시켜 혈액순환을 촉진하는 작용을 한다. 그래서 쿨링·진정·순환 촉진 제품에 많이 사용된다.

★★★
47

다음 중 표피에 존재하며, 면역과 가장 관계가 깊은 세포는?

① 멜라닌 세포 ② 랑게르한스 세포
③ 메컬 세포 ④ 섬유아 세포

> 랑게르한스 세포는 표피에 존재하는 면역 담당 세포로, 항원을 인식해 면역반응을 유도한다. 멜라닌 세포는 색소, 메르켈 세포는 촉각, 섬유아 세포는 진피 쪽 세포이다.

★★
48

다음 중 필수 아미노산에 속하지 않는 것은?

① 트립토판 ② 트레오닌
③ 발린 ④ 알라닌

> 트립토판, 트레오닌, 발린은 필수 아미노산이나, 알라닌은 체내에서 합성 가능한 비필수 아미노산이다.

★★
49

AHA(Alpha Hydroxy Acid)에 대한 설명으로 틀린 것은?

① 화학적 필링
② 글리콜산, 젖산, 주석산, 능금산, 구연산
③ 각질세포의 응집력 강화
④ 미백작용

> AHA(알파하이드록시산)는 각질세포 사이의 응집력을 약하게 하여 각질 탈락을 촉진하는 성분이다. 응집력을 '강화'하는 것이 아니라 '느슨하게' 만들어 각질 제거와 미백, 피부결 개선에 도움을 준다.

★★★
50

다음 정유(essential oil) 중에서 살균, 소독작용이 가장 강한 것은?

① 타임 오일(thyme oil)
② 주니퍼 오일(juniper oil)
③ 로즈마리 오일(rosemary oil)
④ 클라리세이지 오일(clarysage oil)

> 타임 오일(thyme oil)은 다양한 에센셜 오일 중 살균·소독 작용이 가장 강한 편에 속한다. 피부 트러블, 항균 목적의 블렌딩에 자주 사용된다.

★★★
51

신고를 하지 아니하고 영업소의 소재지를 변경한 때의 1차 위반 행정처분은?

① 영업정지 1월
② 영업정지 2월
③ 영업정지 3월
④ 영업장 폐쇄명령

> 신고를 하지 않고 영업소의 소재지를 변경한 경우, 1차 위반 시 영업정지 1월, 2차 위반 시 영업정지 2월, 3차 위반 시 영업장 폐쇄명령의 행정처분이 내려진다(공중위생관리법 시행규칙 별표 7).

52

★★

이·미용업에 있어 청문을 실시하여야 하는 경우가 아닌 것은?

① 면허취소처분을 하고자 하는 경우
② 면허정지처분을 하고자 하는 경우
③ 일부시설의 사용중지처분을 하고자 하는 경우
④ 위생교육을 받지 아니하여 1차 위반한 경우

> 면허취소, 면허정지, 시설 사용중지 등 중대한 처분은 청문 절차가 필요하다. 그러나 위생교육을 받지 않아 1차 위반한 경우는 비교적 경미하여 청문 대상이 아니다.

53

★★★

다음 중 공중위생영업을 하고자 할 때 필요한 것은?

① 허가   ② 통보
③ 인가   ④ 신고

> 공중위생영업(이·미용업, 세탁업, 목욕장업 등)은 허가제가 아니라 신고제이다. 관할 관청에 신고를 해야 적법한 영업을 할 수 있다.

54

★★★

부득이한 사유가 없는 한 공중위생영업소를 개설할 자는 언제 위생교육을 받아야 하는가?

① 영업개시 후 2월 이내
② 영업개시 후 1월 이내
③ 영업개시 전
④ 영업개시 후 3월 이내

> 공중위생영업소를 개설하려는 자는 영업을 시작하기 전에 위생교육을 이수해야 한다. 영업 후 일정 기간 내가 아니라, 시작 전이 원칙이다.

55

★★★

이·미용업소에서의 면도기 사용에 대한 설명으로 가장 옳은 것은?

① 1회용 면도날만을 손님 1인에 한하여 사용
② 정비용 면도기를 손님 1인에 한하여 사용
③ 정비용 면도기를 소독 후 계속 사용
④ 매 손님마다 소독한 정비용 면도기 교체 사용

> 면도날은 혈액·체액과 직접 접촉할 수 있어 교차 감염 위험이 매우 높다. 따라서 반드시 1회용 면도날을 손님 1인 사용 후 폐기해야 한다.

56

★★★

공중위생영업자가 준수하여야 할 위생관리기준은 다음 중 어느 것으로 정하고 있는가?

① 대통령령   ② 국무총리령
③ 고용노동부령   ④ 보건복지부령

> 공중위생영업자의 위생관리기준은 보건복지부령(시행규칙 등)에서 구체적으로 정하고 있다. 대통령령이 아니라 부령 수준에서 세부 기준을 규정한다.

57

★★

이용 또는 미용의 면허가 취소된 후 계속하여 업무를 행한 자에 대한 벌칙사항은?

① 6월 이하의 징역 또는 300만원 이하의 벌금
② 500만원 이하의 벌금
③ 300만원 이하의 벌금
④ 200만원 이하의 벌금

> 면허가 취소되었음에도 계속 이·미용 업무를 하면 무면허 영업에 해당하며, 300만원 이하의 벌금형에 처해질 수 있다. 단순 과태료가 아니라 형사처벌 대상이다.

★★ 58

이·미용영업자에게 과태료를 부과·징수할 수 있는 처분권자에 해당되지 않는 자는?

① 보건복지부장관
② 시장
③ 군수
④ 구청장

> 이·미용업자에 대한 과태료 부과·징수는 시장·군수·구청장의 권한이다. 중앙부처인 보건복지부장관은 직접 과태료를 부과하지 않는다.

★★ 59

대통령령이 정하는 바에 의하여 관계전문기관 등에 공중위생관리 업무의 일부를 위탁할 수 있는 자는?

① 시, 도지사
② 시장, 군수, 구청장
③ 보건복지부장관
④ 보건소장

> 대통령령이 정하는 바에 따라, 보건복지부장관은 공중위생관리 업무의 일부를 관계 전문기관 등에 위탁할 수 있다. 지방자치단체장이 아니라 중앙행정기관의 권한이다.

★★★ 60

이·미용사의 면허증을 재교부받을 수 있는 자는 다음 중 누구인가?

① 공중위생관리법의 규정에 의한 명령을 위반한 자
② 간질병자
③ 면허증을 다른 사람에게 대여한 자
④ 면허증이 헐어 못쓰게 된 자

> 이용사 또는 미용사는 면허증의 기재사항에 변경이 있는 때, 면허증을 잃어버린 때 또는 면허증이 헐어 못쓰게 된 때에는 면허증의 재발급을 신청할 수 있다(공중위생관리법 제10조 제1항).

제3회 CBT 기출복원문제

★★ 01

물에 적신 모발을 와인딩한 후 퍼머넌트 웨이브 1제를 도포하는 방법은?

① 워터래핑
② 슬래핑
③ 스파이럴 랩
④ 크로키놀 랩

> 워터래핑은 모발을 물로 충분히 적신 뒤 와인딩하고 웨이브 1제를 도포하는 방식이다.

★★ 03

퍼머 제1액 처리에 따른 프로세싱 중 언더프로세싱의 설명으로 틀린 것은?

① 언더프로세싱은 프로세싱 타임 이상으로 제1액을 두발에 방치한 것을 말한다.
② 언더프로세싱일 때에는 두발의 웨이브가 거의 나오지 않는다.
③ 언더프로세싱일 때에는 처음에 사용한 솔루션보다 약한 제1액을 다시 사용한다.
④ 제1액의 처리 후 두발의 테스트컬로 언더프로세싱 여부가 판명된다.

> 언더프로세싱은 처리시간이 부족한 상태이며, 오래 방치한 것은 오버프로세싱이다.

★★ 02

한국 현대 미용사에 대한 설명 중 옳은 것은?

① 경술국치 이후 일본인들에 의해 미용이 발달했다.
② 1933년 일본인이 우리나라에 처음으로 미용원을 열었다.
③ 해방 전 우리나라 최초의 미용교육기관은 정화고등기술학교이다.
④ **오엽주씨가 화신 백화점 내에 미용원을 열었다.**

> 우리나라 최초의 현대식 미용원은 오엽주가 화신백화점에 개설했다.

★ 04

헤어 컬러링 기술에서 만족할 만한 색채효과를 얻기 위해서는 색채의 기본적인 원리를 이해하고 이를 응용할 수 있어야 하는데 색의 3속성 중의 명도만을 갖고 있는 무채색에 해당하는 것은?

① 적색
② 황색
③ 청색
④ **백색**

> 무채색은 명도만 존재하며, 백색·흑색·회색이 해당된다.

★★★ 05

아이론의 열을 이용하여 웨이브를 형성하는 것은?

① 마셀 웨이브
② 콜드 웨이브
③ 핑거 웨이브
④ 섀도우 웨이브

마셀 웨이브는 아이론의 열을 이용해 웨이브를 만든다.

★★★ 06

다음 중 산성 린스의 종류가 아닌 것은?

① 레몬 린스
② 비니거 린스
③ 오일 린스
④ 구연산 린스

오일 린스는 산성 린스가 아니라 보습·윤기용 린스이다.

★★ 07

다음 중 블런트 커트와 같은 의미인 것은?

① 클럽커트
② 싱글링
③ 클리핑
④ 트리밍

블런트 커트 = 클럽커트(일자 커트)

★★ 08

브러시 세정법으로 옳은 것은?

① 세정 후 털은 아래로 하여 양지에서 말린다.
② 세정 후 털은 아래로 하여 응달에서 말린다.
③ 세정 후 털은 위로 하여 양지에서 말린다.
④ 세정 후 털은 위로 하여 응달에서 말린다.

브러시는 응달에서 털을 아래로 향하게 말려야 변형이 없다.

★★ 09

콜드 퍼머넌트 시 제1액을 바르고 비닐캡을 씌우는 이유로 거리가 가장 먼 것은?

① 체온으로 솔루션의 작용을 빠르게 하기 위하여
② 제1액의 작용이 두발 전체에 골고루 행하여지게 하기 위하여
③ 휘발성 알칼리의 휘산작용을 방지하기 위하여
④ 두발을 구부러진 형태대로 정착시키기 위하여

비닐캡은 체온 유지·휘발 방지가 목적이며, 형태 고정 목적은 아니다.

★ 10

미용의 특수성에 해당하지 않는 것은?

① 자유롭게 소재를 선택한다.
② 시간적 제한을 받는다.
③ 손님의 의사를 존중한다.
④ 여러 가지 조건에 제한을 받는다.

미용은 고객·시간·환경 등 여러 제한을 받기 때문에 '자유롭게 소재 선택'은 특수성이 아니다.

11

염모제로서 헤나를 처음으로 사용했던 나라는?

① 그리스
② **이집트**
③ 로마
④ 중국

> 헤나는 고대 이집트에서 처음 염모제로 사용되었다.

12

빗의 보관 및 관리에 관한 설명 중 옳은 것은?

① 빗은 사용 후 소독액에 계속 담가 보관한다.
② 소독액에서 빗을 꺼낸 후 물로 닦지 않고 그대로 사용해야 한다.
③ 증기소독은 자주 해주는 것이 좋다.
④ **소독액은 석탄산수, 크레졸비누액 등이 좋다.**

> 빗은 석탄산수 · 크레졸비누액 등으로 소독하며, 소독액에 계속 담가두지 않는다.

13

유기합성 염모제에 대한 설명 중 틀린 것은?

① 유기합성 염모제 제품은 알칼리성의 제1액과 산화제인 제2액으로 나누어진다.
② 제1액은 산화염료가 암모니아수에 녹아있다.
③ **제1액의 용액은 산성을 띠고 있다.**
④ 제2액은 과산화수소로서 멜라닌색소의 파괴와 산화염료를 산화시켜 발색시킨다.

> 유기합성 염모제의 제1액은 암모니아가 포함된 알칼리성이다.

14

비듬이 없고 두피가 정상적인 상태일 때 실시하는 것은?

① 댄드러프스캘프 트린트먼트
② 오일리스캘프 트린트먼트
③ **플레인스캘프 트린트먼트**
④ 드라이스캘프 트린트먼트

> 비듬 · 건성 · 지성 문제가 없을 때는 플레인스캘프 트리트먼트를 한다.

15

땋거나 스타일링 하기에 쉽도록 3가닥 혹은 1가닥으로 만들어진 헤어피스는?

① 웨프트
② **스위치**
③ 폴
④ 위글렛

> 스위치는 1가닥 · 3가닥 형태로 만들어져 땋기 · 업스타일에 사용된다.

16

다음 중 옳게 짝지어진 것은?

① 아이론 웨이브 - 1830년 프랑스의 무슈끄로와뜨
② **콜드 웨이브 - 1936년 영국의 스피크먼**
③ 스파이럴 퍼머넌트 웨이브 - 1925년 영국의 조셉 메이어
④ 크로키놀식 웨이브 - 1875년 프랑스의 마셀그라또

> 스피크먼이 1936년 콜드 웨이브를 발표했다.

17

헤어스타일 또는 메이크업에서 개성미를 발휘하기 위한 첫 단계는?

① 구상
② 보정
③ 소재의 확인
④ 제작

> 소재의 확인은 얼굴형, 두상, 피부색, 모발 상태, 체형 등 기본 조건을 분석하는 단계로 개성 표현의 기초 자료가 된다.

18

두정부의 가마로부터 방사상으로 나눈 파트는?

① 카우릭 파트
② 이어투이어 파트
③ 센터 파트
④ 스퀘어 파트

> 가마에서 방사형으로 나누는 파트는 카우릭 파트이다.

19

컬의 목적으로 가장 옳은 것은?

① 텐션, 루프, 스템을 만들기 위해
② 웨이브, 볼륨, 플러프를 만들기 위해
③ 슬라이싱, 스퀘어, 베이스를 만들기 위해
④ 세팅, 뱅을 만들기 위해

> 컬은 웨이브, 볼륨, 풍성함을 만들기 위한 것이다.

20

코의 화장법으로 좋지 않은 방법은?

① 큰 코는 전체가 드러나지 않도록 코 전체를 다른 부분보다 연한색으로 펴바른다.
② 낮은 코는 코의 양측면에 세로로 진한 크림파우더 또는 다갈색의 아이섀도를 바르고 콧등에 엷은 색을 바른다.
③ 코끝이 둥근 경우 코끝의 양측면에 진한색을 펴바르고 코끝에는 엷은색을 펴바른다.
④ 너무 높은 코는 코 전체에 진한색을 펴바른 후 양측면에 엷은 색을 바른다.

> 큰 코는 연하게 바르면 더 커 보이므로, 어두운 색으로 축소해야 한다.

21

간 흡충중(디스토마)의 제1중간 숙주는?

① 다슬기
② 쇠우렁
③ 피라미
④ 게

> 간흡충의 제1중간 숙주는 쇠우렁이다.

22

납중독과 가장 거리가 먼 증상은?

① 빈혈
② 신경마비
③ 뇌중독증상
④ 과다행동장애

> 납중독은 신경계·혈액계에 문제를 일으키며, 과다행동장애(ADHD)와는 무관하다.

★★ 23

간헐적으로 유행할 가능성이 있어 지속적으로 그 발생을 감시하고 방역대책의 수립이 필요한 감염병은?

① 말라리아
② 콜레라
③ 디프테리아
④ 유행성이하선염

말라리아는 간헐적으로 유행해 지속 감시가 필요하다.

★★★ 24

수질오염의 지표로 사용하는 "생물학적 산소요구량"을 나타내는 용어는?

① BOD
② DO
③ COD
④ SS

BOD는 수질오염의 대표 지표이다.

★★★ 25

국가의 건강수준을 나타내는 지표로서 가장 대표적으로 사용하고 있는 것은?

① 인구증가율
② 조사망률
③ 영아사망률
④ 질병발생률

영아사망률은 국가 보건수준을 가장 잘 반영한다.

★★ 26

지역사회에서 노인층 인구에 가장 적절한 보건교육 방법은?

① 신문
② 집단교육
③ 개별접촉
④ 강연회

노인은 개인별 접근이 가장 효과적이다.

★★★ 27

예방접종에서 생균제제를 사용하는 것은?

① 장티푸스
② 파상풍
③ 결핵
④ 디프테리아

BCG(결핵 백신)는 생균제제이다.

★★ 28

저온폭로에 의한 건강장애는?

① 동상 - 무좀 - 전신체온 상승
② 참호족 - 동상 - 전신체온 하강
③ 참호족 - 동상 - 전신체온 상승
④ 동상 - 기억력저하 - 참호족

저온 노출 시 체온 하강·동상·참호족이 나타난다.

★★★
29

다음 식중독 중에서 치명률이 가장 높은 것은?

① 살모넬라증
② 포도상구균중독
③ 연쇄상구균중독
❹ **보툴리누스균중독**

> 보툴리누스 식중독은 치명률이 매우 높다.

★★★
30

다음 중 파리가 전파할 수 있는 소화기계 전염병은?

① 페스트
② 일본뇌염
❸ **장티푸스**
④ 황열

> 파리는 오염된 배설물이나 쓰레기 등에 앉아 병원균을 몸에 묻힌 뒤, 음식물이나 식기 위로 옮겨와 소화기계 전염병을 기계적으로 전파한다. 대표적으로 장티푸스, 파라티푸스, 이질, 콜레라, 식중독 등이 있다.

★★
31

소독의 정의로서 옳은 것은?

① 모든 미생물 일체를 사멸하는 것
② 모든 미생물을 열과 약품으로 완전히 죽이거나 또는 제거하는 것
❸ **병원성 미생물의 생활력을 파괴하여 죽이거나 또는 제거하여 감염력을 없애는 것**
④ 균을 적극적으로 죽이지 못하더라고 발육을 저지하고 목적하는 것을 변화시키지 않고 보존하는 것

> 소독은 병원성 미생물만 제거하는 것이다.

★★★
32

AIDS나 B형간염 등과 같은 질환의 전파를 예방하기 위한 이·미용기구의 가장 좋은 소독방법은?

❶ **고압증기멸균기**
② 자외선소독기
③ 음이온계면활성제
④ 알코올

> 고압증기멸균은 바이러스 제거에 가장 효과적이다.

★★★
33

일반적으로 사용되는 소독용 알코올의 적정 농도는?

① 30%
❷ **70%**
③ 50%
④ 100%

> 알코올 70% 농도가 가장 살균력이 높다.

★★★
34

다음 중 이·미용사의 손을 소독하려 할 때 가장 알맞은 것은?

❶ **역성비누액**
② 석탄산수
③ 포르말린수
④ 과산화수소수

> 역성비누는 피부 자극이 적어 손 소독에 적합하다.

★★★ 35

다음 중 음용수 소독에 사용되는 약품은?

① 석탄산
② **액체염소**
③ 승홍
④ 알코올

> 음용수 소독에는 일반적으로 염소가 사용된다.

★★ 36

소독에 영향을 미치는 인자가 아닌 것은?

① 온도
② 수분
③ 시간
④ **풍속**

> 소독은 온도·수분·시간이 중요한 영양인자이며, 풍속은 무관하다.

★★★ 37

소독법의 구비 조건에 부적합한 것은?

① **장시간에 걸쳐 소독의 효과가 서서히 나타나야 한다.**
② 소독대상물에 손상을 입혀서는 안 된다.
③ 인체 및 가축에 해가 없어야 한다.
④ 방법이 간단하고 비용이 적게 들어야 한다.

> 소독은 짧은 시간에 확실한 살균이 중요하다.

★★ 38

소독제의 살균력 측정검사의 지표로 사용되는 것은?

① 알코올
② 크레졸
③ **석탄산**
④ 포르말린

> 석탄산계수는 소독제 살균력 비교 기준이다.

★★ 39

화장실, 하수도, 쓰레기통 소독에 가장 적합한 것은?

① 알코올
② 연소
③ 승홍수
④ **생석회**

> 생석회는 악취 제거·살균 효과가 강해 화장실, 하수도, 쓰레기통 등의 소독에 적합하다.

★★★ 40

상처소독에 적당하지 않은 것은?

① 과산화수소
② 요오드딩크제
③ **승홍수**
④ 머큐로크롬

> 승홍수(염화제이수은 수용액)는 강력한 살균력을 가지고 있으나, 인체 조직에 대한 독성과 자극성이 매우 강하고 금속을 부식시키는 성질이 있어 상처 부위에 직접 사용하는 소독제로는 적합하지 않다.

✶✶✶ 41

생명력이 없는 상태의 무색, 무핵증으로서 손바닥과 발바닥에 주로 있는 층은?

① 각질층
② 과립층
③ **투명층**
④ 기저층

> 투명층은 손바닥·발바닥에 두드러진다.

✶✶ 42

천연보습인자(NMF)에 속하지 않는 것은?

① 아미노산
② 암모니아
③ 젖산염
④ **글리세린**

> 천연보습인자(NMF)는 피부 각질층의 각질 세포 내에 존재하며 수분을 유지하는 물질로, 아미노산, 젖산염, 암모니아 등이 있다. 글리세린은 외부에서 보충해주는 보습 성분으로 천연보습인자에 속하지 않는다.

✶✶ 43

즉시 색소 침착작용을 하는 광선으로 인공 선탠에 사용되는 것은?

① **UV - A**
② UV - B
③ UV - C
④ UV - D

> UV - A는 즉시 색소침착(IPD)을 일으킨다.

✶✶✶ 44

갑상선의 기능과 관계있으며 모세혈관 기능을 정상화시키는 것은?

① 칼슘
② 인
③ 철분
④ **요오드**

> 요오드(아이오딘)는 갑상선 호르몬 구성 성분이다.

✶✶✶ 45

피부의 생리작용 중 지각작용은?

① 피부표면에 수증기를 발산한다.
② 피부에는 땀샘, 피지선 모근은 피부생리 작용을 한다.
③ **피부 전체에 퍼져 있는 신경에 의해 촉각, 온각, 냉각, 통각 등을 느낀다.**
④ 피부의 생리작용에 의해 생긴 노폐물을 운반한다.

> 피부신경이 감각을 느끼는 기능이다.

✶✶✶ 46

교원섬유(collagen)와 탄력섬유(elastin)로 구성되어 있어 강한 탄력성을 지니고 있는 곳은?

① 표피
② **진피**
③ 피하조직
④ 근육

> 진피는 탄력섬유가 풍부해 탄력성을 가진다.

★★★ 47

자외선의 영향으로 인한 부정적인 효과는?

① 홍반반응
② 비타민 D 형성
③ 살균효과
④ 강장효과

> 자외선은 홍반, 색소침착, 노화를 유발한다.

★★★ 48

피부에서 땀과 함께 분비되는 천연 자외선 흡수제는?

① 우로칸산
② 글리콜산
③ 글루탐산
④ 레틴산

> 우로칸산은 땀과 함께 분비되는 UV 흡수 물질이다.

★★ 49

광노화와 거리가 먼 것은?

① 피부 두께가 두꺼워진다.
② 섬유아세포수의 양이 감소한다.
③ 콜라겐이 비정상적으로 늘어난다.
④ 점다당질이 증가한다.

> 광노화(Photoaging)는 자외선(UV)에 의해 발생하는 피부 노화로, 진피 내 콜라겐과 엘라스틴이 분해·감소하고, 섬유아세포 기능이 저하된다. 그 결과 피부 탄력이 감소하고 주름이 형성된다.

★★★ 50

피지분비와 가장 관계가 있는 호르몬은?

① 에스트로겐
② 프로게스트론
③ 인슐린
④ 안드로겐

> 안드로겐은 피지선 활동을 증가시킨다.

★★ 51

이용 및 미용업 영업자의 지위를 승계한 자가 관계 기관에 신고를 해야하는 기간은?

① 1년 이내
② 3월 이내
③ 6월 이내
④ 1월 이내

> 승계 후 1개월 이내 시장·군수 또는 구청장에게 신고해야 한다.

★★★ 52

이용업 및 미용업은 다음 중 어디에 속하는가?

① 공중위생영업
② 위생관련영업
③ 위생처리업
④ 위생관리용역업

> 공중위생영업에는 이용업, 미용업, 숙박업, 목욕장업 등이 포함되며, 국민의 위생 수준 향상과 건강 보호를 목적으로 관리·감독을 받는다.

53

다음 ( ) 안에 알맞은 내용은?

> 이·미용업 영업자가 공중위생관리법을 위반하여 관계행정기관의 장의 요청이 있는 때에는 ( ) 이 내의 기간을 정하여 영업의 정지 또는 일부시설의 사용중지 혹은 영업소 폐쇄 등을 명할 수 있다.

① 3월
② 6월
③ 1년
④ 2년

> 풍속관련 법령 등 다른 법령을 위반하여 관계 행정기관의 장으로부터 그 사실을 통보받은 경우, 시장·군수·구청장은 6월 이내의 기간을 정하여 영업의 정지 또는 일부 시설의 사용중지를 명하거나 영업소폐쇄 등을 명할 수 있다(공중위생관리법 제11조 제1항).

★★★

54

이·미용업소 내 반드시 게시하여야 할 사항으로 옳은 것은?

① 요금표 및 준수사항만 게시하면 된다.
② 이·미용업 신고증만 게시하면 된다.
③ 이·미용업 신고증 및 면허증사본, 요금표를 게시하면 된다.
④ 이·미용업 신고증, 면허증원본, 요금표를 게시하여야 한다.

> 공중위생관리법에 따른 이·미용업소의 게시의무 사항으로는 이·미용업 신고증, 종사자의 면허증 원본, 요금표 등이 있으며, 이는 이용자 보호와 영업의 투명성 확보를 위한 규정이다.

★★★

55

다음 중 이·미용사의 면허정지를 명할 수 있는 자는?

① 행정안전부장관
② 시·도지사
③ 시장·군수·구청장
④ 경찰서장

> 이·미용사의 면허취소 또는 면허정지 처분 권한은 관할 행정청인 시장·군수·구청장에게 있다.

★★★

56

관련법상 이·미용사의 위생교육에 대한 설명 중 옳은 것은?

① 위생교육 대상자는 이·미용업 영업자이다.
② 위생교육 대상자에는 이·미용사의 면허를 가지고 이·미용업에 종사하는 모든 자가 포함된다.
③ 위생교육은 시·군·구청장만이 할 수 있다.
④ 위생교육 시간은 분기당 4시간으로 한다.

> ② 단순 종사자 전원이 의무 대상은 아니다
> ③ 위생교육은 관련 단체 등에 위탁하여 실시할 수 있으므로 시·군·구청장만이 직접 실시하는 것은 아니다.
> ④ 위생교육 시간은 3시간이다.

57

이·미용 영업소에서 1회용 면도날을 손님 2인에게 사용한 때의 1차 위반 시 행정처분은?

① 시정명령
② 개선명령
③ 경고
④ 영업정지 5일

> 이·미용 영업소에서 1회용 면도날을 2인 이상에게 사용한 경우 1차 위반 시 처분은 경고이다.

58

다음 중 이·미용사의 면허를 받을 수 없는 자는?

① 전문대학의 이·미용에 관한 학과를 졸업한 자
② 교육부장관이 인정하는 고등기술학교에서 1년 이상 이·미용에 관한 소정의 과정을 이수한 자
③ 국가기술자격법에 의한 이·미용사의 자격을 취득한 자
④ 외국의 유명 이·미용학원에서 2년 이상 기술을 습득한 자

> 이·미용사 면허 취득 요건은 국내에서 법령이 인정한 학력 또는 자격을 갖춘 자로 한정된다.

59

신고를 하지 않고 영업소 명칭(상호)을 바꾼 경우에 대한 1차 위반 시의 행정처분은?

① 주의
② 경고 또는 개선명령
③ 영업정지 15일
④ 영업정지 1월

> 신고를 하지 않고 영업소의 명칭(상호)을 변경한 경우는 변경신고 의무 위반에 해당하며, 1차 위반 시 행정처분은 경고 또는 개선명령이다.

60

다음 중 과태료처분 대상에 해당되지 않는 자는?

① 관계공무원의 출입·검사 등 업무를 기피한 자
② 영업소 폐쇄명령을 받고도 영업을 계속한 자
③ 이·미용업소 위생관리 의무를 지키지 아니한 자
④ 위생교육 대상자 중 위생교육을 받지 아니한 자

> ①은 300만원 이하의 과태료 처분, ③④는 200만원 이하의 과태료 처분 대상이나, ②는 1년 이하의 징역 또는 1천만원 이하의 벌금에 처하는 중대한 위반행위이다.

Chapter 04

제4회 CBT 기출복원문제

01

다음 중 콜드 퍼머넌트 웨이브 시술 시 두발에 부착된 제1액을 씻어 내는데 가장 적합한 린스는?

① 에그 린스(egg rinse)
② 산성 린스(acid rinse)
③ 레몬 린스(lemon rinse)
④ **플레인 린스(plain rinse)**

> 플레인 린스는 성분 반응이 없어 제1액의 잔여 환원제를 방해 없이 제거할 수 있으나, 산성·레몬·에그 린스는 성분 반응을 일으킬 수 있어 부적합하다.

02

퍼머넌트 웨이브 시술 중 테스트 컬(test crl)을 하는 목적으로 가장 적합한 것은?

① 2액의 작용 여부를 확인하기 위해서이다.
② 굵은 모발, 혹은 가는 모발에 로드가 제대로 선택되었는지 확인하기 위해서이다.
③ 산화제의 작용이 미묘하기 때문에 확인하기 위해서이다.
④ **정확한 프로세싱 시간을 결정하고 웨이브 형성 정도를 조사하기 위해서이다.**

> 테스트 컬은 웨이브가 얼마나 형성되었는지 확인하고 적정 프로세싱 시간을 결정하기 위한 과정이다.

03

스트로크커트(stroke cut) 테크닉에 사용하기 가장 적합한 것은?

① 리버스 시저스(Reverse scissors)
② 미니 시저스(Mini scissors)
③ 직선날 시저스(Cutting scissors)
④ **곡선날 시저스(R-scissors)**

> 곡선날 시저스(R-scissors)는 날이 곡선 형태로 모발을 부드럽게 쓸어 자르기에 유리하며, 질감 표현과 자연스러운 연결에 가장 적합하다.

04

두발의 양이 많고, 굵은 경우 와인딩과 로드의 관계가 옳은 것은?

① 스트랜드를 크게 하고, 로드의 직경도 큰 것을 사용
② **스트랜드를 적게 하고, 로드의 직경도 작은 것을 사용**
③ 스트랜드를 크게 하고, 로드의 직경도 작은 것을 사용
④ 스트랜드를 적게 하고, 로드의 직경도 큰 것을 사용

> ①, ③, ④는 모발 특성을 고려하지 않은 선택으로 컬 형성력이 약해지거나 균일성이 떨어질 수 있다.

★★ 05

다음 중 가는 로드를 사용한 콜드 퍼머넌트 직후에 나오는 웨이브로 가장 가까운 것은?

① 내로우 웨이브(narrow wave)
② 와이드 웨이브(wide wave)
③ 섀도우 웨이브(shadow wave)
④ 호리존탈 웨이브(horizontal wave)

> 로드가 가늘수록 웨이브 폭이 좁아져 내로우 웨이브가 형성된다.

★★★ 06

손톱을 자르는 기구는?

① 큐티클 푸셔(Cuticle pusher)
② 큐티클 니퍼즈(Cuticle nippers)
③ 네일 파일(Nail file)
④ 네일 니퍼즈(Nail nippers)

> 네일 니퍼즈는 손톱을 직접 자르는 도구이다.

★★★ 07

두발을 탈색한 후 초록색으로 염색하고 얼마동안의 기간이 지난 후 다시 다른 색으로 바꾸고 싶을 때 보색관계를 이용하여 초록색의 흔적을 없애려면 어떤 색을 사용하면 좋은가?

① 노란색　　　　② 오렌지색
③ 적색　　　　　④ 청색

> 초록색의 보색은 빨강이므로 레드 계열로 중화한다.

★★ 08

헤어린스의 목적과 관계없는 것은?

① 두발의 엉킴 방지
② 모발의 윤기 부여
③ 이물질 제거
④ 알카리성을 약산성화

> 이물질 제거는 샴푸의 역할이며, 린스는 윤기·정전기 방지·pH 조절이 목적이다.

★ 09

화장법으로는 흑색과 녹색의 두 가지 색으로 윗 눈꺼풀에 악센트를 넣었으며, 붉은 찰흙을 샤프란(꽃 이름임)을 조금씩 섞어서 이것을 볼에 붉게 칠하고 입술연지로도 사용한 시대는?

① 고대 그리스　　② 고대 로마
③ 고대 이집트　　④ 중국 당나라

> 고대 이집트는 카잘(검정색·녹색)과 붉은 안료를 사용한 화장이 특징이다.

★★ 10

현대미용에 있어서 1920년대에 최초로 단발머리를 함으로써 우리나라 여성들의 머리형에 혁신적인 변화를 일으키게 된 계기가 된 사람은?

① 이숙종　　　　② 김활란
③ 김상진　　　　④ 오엽주

> 김활란은 한국 여성의 단발머리 유행을 이끈 대표적 인물이다.

11

업스타일을 시술할 때 백코밍의 효과를 크게 하고자 세모난 모양의 파트로 섹션을 잡는 것은?

① 스퀘어 파트
② **트라이앵글러 파트**
③ 카우릭 파트
④ 렉탱귤러 파트

> 트라이앵글러(삼각형) 파트는 중심 볼륨을 높여 백코밍 효과를 극대화한다.

12

원랭스의 정의로 가장 적합한 것은?

① 두발의 길이에 단차가 있는 상태의 커트
② **완성된 두발을 빗으로 빗어 내렸을 때 모든 두발이 하나의 선상으로 떨어지도록 자르는 커트**
③ 전체의 머리 길이가 똑같은 커트
④ 머릿결을 맞추지 않아도 되는 커트

> 원랭스는 단차 없이 동일한 길이로 커트하여 빗어 내리면 한 선으로 떨어지는 형태이다.

13

고객이 추구하는 미용의 목적과 필요성을 시각적으로 느끼게 하는 과정은 어디에 해당하는가?

① 소재
② 구상
③ 제작
④ **보정**

> 보정 단계는 완성된 스타일을 보며 고객이 원하는 이미지와의 차이를 확인하는 과정이다.

14

플랫 컬의 특징을 가장 잘 표현한 것은?

① **컬의 루프가 두피에 대하여 0도 각도로 평평하고 납작하게 형성되어진 컬을 말한다.**
② 일반적 컬 전체를 말한다.
③ 루프가 반드시 90도 각도로 두피 위에 세워진 컬로 볼륨을 내기 위한 헤어스타일에 주로 이용된다.
④ 두발의 끝에서부터 말아온 컬을 말한다.

> 플랫 컬은 루프가 두피에 0도로 평평하게 붙는 형태이다.

15

다음 눈썹에 대한 설명 중 틀린 것은?

① 눈썹은 눈썹머리, 눈썹산, 눈썹꼬리로 크게 나눌 수 있다.
② **눈썹산의 표준 형태는 전체 눈썹의 1/2되는 지점에 위치하는 것이다.**
③ 눈썹산의 전체 눈썹의 1/2되는 지점에 위치해 있으면 볼이 넓게 보이게 된다.
④ 수평상 눈썹은 긴 얼굴을 짧게 보이게 할 때 효과적이다.

> 눈썹산은 2/3 지점이 표준이며, 1/2 지점은 너무 앞쪽이다.

16

완성된 두발선 위를 가볍게 다음에 커트하는 방법은?

① 테이퍼링(tapering)
② 틴닝(thinning)
③ **트리밍(trimming)**
④ 싱글링(shingling)

> 트리밍은 이미 완성된 라인을 따라 끝부분만 정리하는 커트이다.

17

레이저(razor)에 대한 설명 중 가장 거리가 먼 것은?

① 세이핑 레이저를 이용하여 커팅하면 안정적이다.
② 초보자는 오디너리 레이저를 사용하는 것이 좋다.
③ 솜털 등을 깎을 때 외곡선상의 날이 좋다.
④ 녹이 슬지 않게 관리를 한다.

> 오디너리 레이저는 초보자에게 적합하지 않다.

18

이마의 양쪽 끝과 턱의 끝 부분을 진하게, 뺨 부분을 엷게 화장하면 가장 잘 어울리는 얼굴형은?

① 삼각형 얼굴　　② 원형 얼굴
③ 사각형 얼굴　　④ 역삼각형 얼굴

> 역삼각형 얼굴은 이마가 넓고 턱이 좁아, 중앙부를 강조하는 화장이 균형을 맞춘다.

19

다공성 모발에 대한 사항 중 틀린 것은?

① 다공성모란 두발의 간층 물질이 소실되어 두발 조직 중에 공동이 많고 보습작용이 적어져서 두발이 건조해지기 쉬우므로 손상모를 말한다.
② 다공성모는 두발이 얼마나 빨리 유액을 흡수하느냐에 따라 그 정도가 결정된다.
③ 다공성의 정도에 따라서 콜드웨이빙의 프로세싱 타임과 웨이빙의 용액의 정도가 결정된다.
④ 다공성의 정도가 클수록 모발의 탄력이 적으므로 프로세싱 타임을 길게 한다.

> 다공성 모발은 약액 반응이 빠르므로 프로세싱 타임을 줄여야 한다.

20

언더 메이크업을 가장 잘 설명한 것은?

① 베이스 컬러라고도 하며 피부색과 피부결을 정돈하여 자연스럽게 해준다.
② 유분과 수분, 색소의 양과 질, 제조 공정에 따라 여러 종류로 구분 된다.
③ 효과적인 보호막을 결정해주며 피부의 결점을 감추려 할 때 효과적이다.
④ 파운데이션이 고루 잘 펴지게 하며 화장이 오래 잘 지속되게 해주는 작용을 한다.

> 언더 메이크업은 파운데이션이 고르게 펴지고 지속력을 높이는 역할을 한다.

21

다음 중 특별한 장치를 설치하지 아니한 일반적인 경우에 실내의 자연적인 환기에 가장 큰 비중을 차지하는 요소는?

① 실내외 공기 중 CO_2 함량의 차이
② 실내외 공기의 습도 차이
③ 실내외 공기의 기온차이 및 기류
④ 실내외 공기의 불쾌지수 차이

> 실내외 기온차와 기류가 자연환기의 핵심이다.

22

비타민 결핍증인 불임증 및 생식불능과 피부의 노화방지 작용 등과 가장 관계가 깊은 것은?

① 비타민 A　　② 비타민 B 복합체
③ 비타민 E　　④ 비타민 D

> 비타민 E는 항산화 작용과 생식 기능 유지에 필수적이다.

★★ 23

환경오염의 발생요인인 산성비의 가장 주요한 원인과 산도는?

① 이산화탄소 pH 5.6 이하
② **아황산가스 pH 5.6 이하**
③ 염화불화탄소 pH 6.6 이하
④ 탄화수소 pH 6.6 이하

> 아황산가스(SO_2)가 산성비의 대표적인 원인이다.

★ 26

돼지와 관련이 있는 질환으로 거리가 먼 것은?

① 유구조충
② 살모넬라증
③ 일본뇌염
④ **발진티푸스**

> 발진티푸스는 체(이)에 의해 전파된다.

★★★ 24

세계보건기구(WHO)에서 규정한 건강의 정의를 가장 적절하게 표현한 것은?

① 육체적으로 완전히 양호한 상태
② 정신적으로 완전히 양호한 상태
③ 질병이 없고 허약하지 않은 상태
④ **육체적, 정신적, 사회적 안녕이 완전한 상태**

> 세계보건기구(WHO)에서 규정한 건강은 육체·정신·사회적 안녕이 완전한 상태이다.

★★★ 27

한 국가의 지역사회의 건강수준을 나타내는 지표로서 대표적인 것은?

① 질병이환률
② **영아사망률**
③ 신생아사망률
④ 조사망률

> 영아사망률은 국가 보건수준을 가장 잘 반영한다.

★★★ 25

주로 7~9월 사이에 많이 발생되며, 어패류가 원인이 되어 발병, 유행하는 식중독은?

① 포도상구균 식중독
② 살모넬라 식중독
③ 보툴리누스균 식중독
④ **장염비브리오 식중독**

> 장염비브리오는 고온·해산물과 밀접한 식중독균이다.

★★★ 28

위생해충의 구제방법으로 가장 효과적이고 근본적인 방법은?

① 성충 구제
② 살충제 사용
③ 유충 구제
④ **발생원 제거**

> 발생원을 제거해야 재발을 막을 수 있다.

29

파리에 의해 주로 전파될 수 있는 전염병은?

① 페스트
② **장티푸스**
③ 사상충증
④ 황열

> 파리는 분변·오염물질을 옮겨 장티푸스를 전파할 수 있다.

30

기온측정 등에 관한 설명 중 틀린 것은?

① 실내에서는 통풍이 잘 되는 직사광선을 받지 않은 곳에 매달아 놓고 측정하는 것이 좋다.
② 평균기온은 높이에 비례하여 하강하는데, 고도 11,000m 이하에서는 보통 100m당 0.5~0.7도 정도이다.
③ 측정할 때 수은주 높이와 측정자의 눈의 높이가 같아야 한다.
④ **정상적인 날의 하루 중 기온이 가장 낮을 때는 밤 12시 경이고 가장 높을 때는 오후 2시경이 일반적이다.**

> 최저기온은 새벽이며, 최고기온은 오후 2시경이다.

31

고압멸균기를 사용하여 소독하기에 가장 적합하지 않은 것은?

① 유리기구
② 금속기구
③ 약액
④ **가죽제품**

> 가죽은 고온·고압에서 변형되므로 고압멸균기 사용이 적합하지 않다.

32

다음 중 소독의 정의를 가장 잘 표현한 것은?

① 미생물의 발육과 생활을 제지 또는 정지시켜 부패 또는 발효를 방지할 수 있는 것
② **병원성 미생물의 생활력을 파괴 또는 멸살시켜 감염 또는 증식력을 없애는 조작**
③ 모든 미생물의 생활력을 멸살 또는 파괴시키는 조작
④ 오염된 미생물을 깨끗이 씻어내는 작업

> 소독은 병원성 미생물의 생활력을 파괴하는 조작으로, 멸살은 아니다.

33

병원성 미생물이 일반적으로 증식이 가장 잘 되는 pH의 범위는?

① 3.5 ~ 4.5
② 4.5 ~ 5.5
③ 5.5 ~ 6.5
④ **6.5 ~ 7.5**

> 대부분의 병원성 미생물은 중성에서 가장 잘 자란다.

34

다음 중 일회용 면도기를 사용함으로서 예방 가능한 질병은? (단, 정상적인 사용의 경우를 말한다.)

① 옴(개선)병
② 일본뇌염
③ **B형간염**
④ 무좀

> B형간염은 혈액을 통해 전파되므로 면도날 공유를 피해야 한다.

35

소독약의 살균력 지표로 가장 많이 이용되는 것은?

① 알코올
② 크레졸
③ **석탄산**
④ 포름알데히드

> 석탄산은 소독제 비교 기준 물질이다.

36

산소가 있어야만 잘 성장할 수 있는 균은?

① **호기성균**
② 혐기성균
③ 통기혐기성균
④ 호혐기성균

> 호기성균은 산소가 필수이다.

37

다음 중 화학적 살균법이라고 할 수 없는 것은?

① **자외선살균법**
② 알코올살균법
③ 염소살균법
④ 과산화수소살균법

> 자외선은 물리적 방식이다.

38

소독약의 구비조건에 해당하지 않는 것은?

① 높은 살균력을 가질 것
② 인축에 해가 없어야 할 것
③ 저렴하고 구입과 사용이 간편할 것
④ **기름, 알코올 등에 잘 용해되어야 할 것**

> 소독약은 물에 잘 녹고 안전해야 하며, 기름·알코올 용해성은 필수 조건이 아니다.

39

다음 중 세균의 단백질 변성과 응고작용에 의한 기전을 이용하여 살균하고자 할 때 주로 이용되는 방법은?

① **가열**
② 희석
③ 냉각
④ 여과

> 열은 세균 단백질을 변성시켜 사멸시킨다.

40

소독액을 표시할 때 사용하는 단위로 용액 100ml 속에 용질의 함량을 표시하는 수치는?

① 푼
② **퍼센트**
③ 퍼밀리
④ 피피엠

> 퍼센트(%)는 용액 100ml 중 용질의 양을 의미한다.

★★★ 41

피부의 구조 중 진피에 속하는 것은?

① 과립층
② 유극층
③ 유두층
④ 기저층

> 유두층은 진피의 상부층이다.

★★★ 42

안면의 각질제거를 용이하게 하는 것은?

① 비타민 C
② 토코페놀
③ AHA
④ 비타민 E

> AHA는 각질세포 간 결합을 느슨하게 하여 각질을 자연스럽게 탈락시킨다.

★★ 43

피부이 산성두가 외부의 충격으로 파괴된 후 자연 재연되는데 걸리는 최소한의 시간은?

① 약 1시간 경과 후
② 약 2시간 경과 후
③ 약 3시간 경과 후
④ 약 4시간 경과 후

> 세안 후 피부 pH가 회복되기까지 최소 2시간이 필요하다.

★★★ 44

다음 중 결핍 시 피부표면이 경화되어 거칠어지는 주된 영양물질은?

① 단백질과 비타민 A
② 비타민 D
③ 탄수화물
④ 무기질

> 단백질·비타민 A 부족은 피부 각질 비후와 거칠어짐을 유발한다.

★★★ 45

세포분열을 통해 새롭게 손·발톱을 생산해 내는 곳은?

① 조체
② 조모
③ 조소피
④ 조하막

> 조모(매트릭스)는 손·발톱을 생성하는 핵심 부위이다.

★★★ 46

피부색소의 멜라닌을 만드는 색소형성세포는 어느 층에 위치하는가?

① 과립층
② 유극층
③ 각질층
④ 기저층

> 색소형성 세포인 멜라노사이트는 표피의 가장 아래층인 기저층에 존재한다.

47

한선(땀샘)의 설명으로 틀린 것은?

① 체온을 조절한다.
② 땀은 피부의 피지막과 산성막을 형성한다.
③ 땀을 많이 흘리면 영양분과 미네랄을 잃는다.
④ **땀샘은 손, 발바닥에는 없다.**

손·발바닥에는 에크린 땀샘이 매우 많다.

48

다음 중 피부의 면역기능에 관계하는 것은?

① 각질형성 세포
② **랑게르한스 세포**
③ 말피기 세포
④ 머겔 세포

랑게르한스 세포는 항원을 인식해 면역반응을 유도한다.

49

세포의 분열증식으로 모발이 만들어지는 곳은?

① **모모(毛母)세포**
② 모유두
③ 모구
④ 모소피

모모세포는 모구에서 분열하며, 모발을 만든다.

50

세안용 화장품의 구비조건으로 부적당한 것은?

① **안정성: 물이 묻거나 건조해지면 형과 질이 잘 변해야 한다.**
② 용해성: 냉수나 온탕에 잘 풀려야 한다.
③ 기포성: 거품이 잘나고 세정력이 있어야 한다.
④ 자극성: 피부를 자극시키지 않고 쾌적한 방향이 있어야 한다.

세안제는 물·공기에 노출되어도 안정해야 한다.

51

영업소 외에서의 이용 및 미용업무를 할 수 없는 경우는?

① **관할 소재동지역 내에서 주민에게 이·미용을 하는 경우**
② 질병, 기타의 사유로 인하여 영업소에 나올 수 없는 자에 대하여 미용을 하는 경우
③ 혼례나 기타 의식에 참여하는 자에 대하여 그 의식의 직전에 미용을 하는 경우
④ 특별한 사정이 있다고 인정하여 시장·군수·구청장이 인정하는 경우

일반 주민 대상 영업행위는 허용되지 않는다.

★★ 52

다음 중 이·미용업 영업자가 변경신고를 해야 하는 것을 모두 고른 것은?

> ㄱ. 영업소의 소재지
> ㄴ. 영업소 바닥의 면적의 3분의 1 이상의 증감
> ㄷ. 종사자의 변동사항
> ㄹ. 영업자의 재산변동사항

① ㄱ
② ㄱ, ㄴ
③ ㄱ, ㄴ, ㄷ
④ ㄱ, ㄴ, ㄷ, ㄹ

> 보건복지부령이 정하는 중요사항의 변경신고(공중위생관리법 시행규칙 제3조의2 제1항)
> 영업소의 명칭 또는 상호, 영업소의 주소, 신고한 영업장 면적의 3분의 1 이상의 증감, 대표자의 성명 또는 생년월일, 미용업 업종 간 변경 또는 업종의 추가

★★ 53

이·미용사의 면허를 받을 수 없는 자는?

① 전문대학에서 이용 또는 미용에 관한 학과를 졸업한 자
② 교육부장관이 인정하는 이·미용고등학교를 졸업한 자
③ 교육부장관이 인정하는 고등기술학교에서 6개월 수학한 자
④ 국가기술자격법에 의한 이·미용사 자격취득자

> 초·중등교육법령에 따른 특성화고등학교, 고등기술학교나 고등학교 또는 고등기술학교에 준하는 각종 학교에서 1년 이상 이용 또는 미용에 관한 소정의 과정을 이수한 자가 받을 수 있다.

★★ 54

시장·군수·구청장이 영업정지가 이용자에게 심한 불편을 주거나 그 밖에 공익을 해할 우려가 있는 경우에 영업정지처분에 갈음한 과징금을 부과할 수 있는 금액기준은?

① 3천만원 이하
② 5천만원 이하
③ 1억원 이하
④ 4천만원 이하

> 시장·군수·구청장은 제11조 제1항의 규정에 의한 영업정지가 이용자에게 심한 불편을 주거나 그 밖에 공익을 해할 우려가 있는 경우에는 영업정지 처분에 갈음하여 1억원 이하의 과징금을 부과할 수 있다(공중위생관리법 제11조의2 제1항).

★★ 55

이·미용사 면허증을 분실하여 재교부를 받은 자가 분실한 면허증을 찾았을 때 취하여야 할 조치로 옳은 것은?

① 시·도지사에게 찾은 면허증을 반납한다.
② 시장·군수에게 찾은 면허증을 반납한다.
③ 본인이 모두 소지하여도 무방하다.
④ 재교부받은 면허증을 반납한다.

> 분실 면허증을 찾았을 때 관련 업무의 관할 행정청은 시장·군수·구청장이므로, 찾은 면허증은 해당 관할 시장·군수·구청장에게 반납하는 것이 원칙이다.

56 ★★

영업자의 지위를 승계한 자는 몇 월 이내에 시장·군수·구청장에게 신고를 하여야 하는가?

① 1월
② 2월
③ 6월
④ 12월

영업자의 지위를 승계한 자는 1개월 이내에 시장·군수·구청장에게 신고해야 한다. 기한 내 신고는 영업의 법적 연속성을 위해 필수이다.

57 ★★

이용사 또는 미용사의 면허를 받지 아니한 자 중, 이용사 또는 미용사 업무에 종사할 수 있는 자는?

① 이·미용 업무에 숙달된 자로 이·미용사 자격증이 없는 자
② 이·미용사로서 업무정지 처분 중에 있는 자
③ 이·미용업소에서 이·미용사의 감독을 받아 이·미용업무를 보조하고 있는 자
④ 학원 설립·운영에 관한 법률에 의하여 설립된 학원에서 3월 이상 이용 또는 미용에 관한 강습을 받은 자

면허가 없는 사람은 이·미용사의 감독 아래 보조 업무만 가능하다. 독자적으로 이·미용 업무를 하는 것은 불법이다.

58 ★★

이·미용소의 조명시설은 얼마 이상이어야 하는가?

① 50럭스
② 75럭스
③ 100럭스
④ 125럭스

이·미용소의 작업 환경은 위생과 시술 정확도에 직결되므로, 조도 75럭스 이상을 유지해야 한다.

59 ★★★

다음 위법사항 중 가장 무거운 벌칙기준에 해당하는 자는?

① 신고를 하지 아니하고 영업한 자
② 변경신고를 하지 아니하고 영업한 자
③ 면허정지처분을 받고 그 정지 기간 중 업무를 행한 자
④ 관계 공무원 출입, 검사를 거부한 자

무신고 영업은 법적 요건을 전혀 갖추지 않은 상태에서 영업을 한 것으로, 공중위생 관리 질서를 근본적으로 침해하는 행위이다. 따라서 가장 무거운 벌칙(형사처벌 대상)인 1년 이하의 징역 또는 1천만원 이하의 벌금에 해당한다.

60 ★★

이·미용업 영업자가 1회용 면도날을 2인 이상의 손님에게 사용한 경우에 대한 1차 행정처분기준은?

① 경고
② 영업정지 5일
③ 영업정지 10일
④ 영업장 패쇄명령

소독한 기구와 소독을 하지 않은 기구를 각각 다른 용기에 넣어 보관하지 않거나 1회용 면도날을 2인 이상의 손님에게 사용한 경우 1차 경고, 2차 영업정지 5일, 3차 영업정지 10일, 4차 이상 영업장 폐쇄명령의 행정처분이 내려진다(공중위생관리법 시행규칙 [별표 7]).

☆ 01

헤어커팅의 방법 중 테이퍼링(tapering)에는 3가지의 종류가 있다. 이 중에서 노멀테이퍼(normal taper)는?

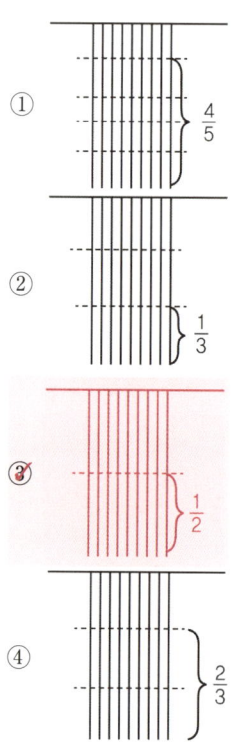

① $\frac{4}{5}$

② $\frac{1}{3}$

③ $\frac{1}{2}$

④ $\frac{2}{3}$

> 노멀 테이퍼는 테이퍼링 기법 중 1/2 지점에서 시작하며 가장 기본적인 형태로, 모발 끝을 자연스럽게 가볍게 처리하는 방식이다. 과도한 질감 변화 없이 부드러운 마무리가 필요한 커트에서 사용된다.

☆☆ 02

조선 중엽 상류사회 여성들이 얼굴의 밑화장으로 사용한 기름은?

① 동백기름
② 콩기름
③ 참기름
④ 피마자기름

> 참기름은 피부에 윤기를 부여하고 건조를 방지하는 용도로 사용되었다. 천연 식물성 기름으로 구하기 쉬웠으며, 화장 전 피부 보호와 광택 효과를 주는 역할을 하였다.

☆☆☆ 03

퍼머넌트 웨이브 시술 시 산화제의 역할이 아닌 것은?

① 퍼머넌트 웨이브의 작용을 계속 진행시킨다.
② 1액의 작용을 멈추게 한다.
③ 시스틴 결합을 재결합시킨다.
④ 1액이 작용한 형태의 컬로 고정시킨다.

> 산화제(2액)는 1액의 환원 작용을 멈추고, 시스틴 결합을 재결합시키며, 웨이브 형태를 고정하는 역할을 한다.

★★★
04

헤어 컬러링 시 활용되는 색상환에 있어 적색의 보색은?

① 보라색
② 청색
❸ 녹색
④ 황색

색상환에서 빨강(Red)의 보색은 녹색(Green)이다. 보색은 서로의 색을 중화시키는 관계로, 염색 시 색 보정에 활용된다.

★★★
05

다음 중 모발의 성장단계를 옳게 나타낸 것은?

① 성장기 → 휴지기 → 퇴화기
② 휴지기 → 발생기 → 퇴화기
③ 퇴화기 → 성장기 → 발생기
❹ 성장기 → 퇴화기 → 휴지기

모발의 성장 주기는 '성장기(Anagen) → 활발한 성장, 퇴화기(Catagen) → 성장 정지, 휴지기(Telogen) → 탈락' 준비 순으로 진행된다.

★
06

스탠드업 컬에 있어 루프가 귓바퀴 반대 방향으로 말린 컬은?

① 플래트 컬
② 포워드 스탠드업 컬
❸ 리버스 스탠드업 컬
④ 스컬프처 컬

스탠드업 컬은 루프 방향에 따라 포워드 스탠드업 컬(귓바퀴 방향)과 리버스 스탠드업 컬(귓바퀴 반대 방향)로 나뉜다.

★★
07

헤어 샴푸잉 중 드라이 샴푸 방법이 아닌 것은?

① 리퀴드 드라이 샴푸
❷ 핫오일 샴푸
③ 파우더 드라이 샴푸
④ 에그 파우더 샴푸

드라이 샴푸는 물을 사용하지 않는 샴푸로, 리퀴드·파우더·에그 파우더 드라이 샴푸 등이 있다. 핫오일 샴푸는 영양 공급을 위한 습식 샴푸이므로 드라이 샴푸가 아니다.

★
08

컬의 목적이 아닌 것은?

① 플러프(fluff)를 만들기 위해서
② 웨이브(wave)를 만들기 위해서
❸ 컬러의 표현을 원활하게 하기 위해서
④ 볼륨을 만들기 위해서

컬의 목적은 웨이브 형성, 볼륨 조절, 플러프(풍성함) 연출이며, 컬러 표현과는 직접적인 관련이 없다.

★★
09

손톱의 상조피를 부드럽게 하기 위해 비눗물을 담는 용기는?

① 에머리보드
❷ 핑거볼
③ 네일버퍼
④ 네일파일

핑거볼은 손가락을 담가 큐티클(상조피)을 부드럽게 하기 위해 사용하는 용기이다.

★★★ 10

매니큐어(Manicure) 바르는 순서가 옳은 것은?

① 네일에나멜 → 베이스코트 → 탑코트
❷ **베이스코트 → 네일에나멜 → 탑코트**
③ 탑코트 → 네일에나멜 → 베이스코트
④ 네일표백제 → 네일에나멜 → 베이스코트

> 베이스코트로 손톱을 보호하고, 네일에나멜로 색을 입힌 뒤, 탑코트로 광택과 지속력을 높인다.

★ 11

삼한시대의 머리형에 관한 설명으로 틀린 것은?

① 포로나 노비는 머리를 깎아서 표시했다.
② 수장급은 모자를 썼다.
③ 일반인은 상투를 틀게 했다.
❹ **귀천의 차이가 없이 자유롭게 했다**

> 삼한시대는 신분에 따라 머리형이 달랐으며, 자유롭게 하지 않았다.

★★ 12

두상의 특정한 부분에 볼륨을 주기 원할 때 사용되는 헤어 피스(hair piece)는?

❶ **위글렛(wiglet)**
② 스위치(switch)
③ 폴(fall)
④ 위그(wig)

> 위글렛은 부분 가발로, 특정 부위에 볼륨을 주기 위해 사용된다.

★★★ 13

커트 시술 시 두부(頭部)를 5등분으로 나누었을 때 관계없는 명칭은?

① 톱(top)
② 사이드(side)
❸ **헤드(head)**
④ 네이프(nape)

> 헤드(head)는 두부 전체를 의미하며, 5등분 명칭이 아니다.

★ 14

다음 명칭 중 가위에 속하는 것은?

① 핸들
❷ **피봇**
③ 프롱
④ 그루브

> 피봇은 가위의 회전축(중심 나사 부분)을 말한다.

★★★ 15

퍼머약의 제1액 중 티오글리콜산의 적정 농두는?

① 1 ~ 2%
❷ **2 ~ 7%**
③ 8 ~ 12%
④ 15 ~ 20%

> 콜드 퍼머 1액의 주요 성분인 티오글리콜산은 2~7% 농도가 적정하다.

★★ 16

두피에 지방이 부족하여 건조한 경우에 하는 스캘프 트리트먼트는?

① 플레인스캘프 트리트먼트
② 오일리스캘프 트리트먼트
③ **드라이스캘프 트리트먼트**
④ 댄드러프스캘프 트리트먼트

> 건조 두피는 유분이 부족하므로 드라이스캘프 트리트먼트로 보습과 영양을 공급한다.

★★ 17

헤어 블리치 시술상의 주의사항에 해당하지 않는 것은?

① 미용사의 손을 보호하기 위하여 장갑을 반드시 낀다.
② 시술 전 샴푸를 할 경우 브러싱을 하지 않는다.
③ 두피에 질환이 있는 경우 시술하지 않는다.
④ **사후손질로서 헤어 리컨디셔닝은 가급적 피하도록 한다.**

> 블리치 후 모발은 손상되므로 리컨디셔닝이 반드시 필요하다.

★★ 18

빗을 천천히 위쪽으로 이동시키면서 가위의 개폐를 재빨리 하여 빗에 끼어있는 두발을 잘라나가는 커팅 기법은?

① **싱글링(shingling)**
② 틴닝 시저스(thinning scissors)
③ 레이저 커트(razor cut)
④ 슬리더링(slithering)

> 싱글링은 빗을 움직이며 가위를 빠르게 개폐하여 가볍고 자연스러운 질감을 만드는 기법이다.

★★ 19

콜드웨이브(cold wave) 시술 후 머리끝이 자지러지는 원인에 해당되지 않는 것은?

① 모질에 비하여 약이 강하거나 프로세싱 타임이 길었다.
② 너무 가는 로드(rod)를 사용했다.
③ 텐션(tension: 긴장도)이 약하여 로드에 꼭 감기지 않았다.
④ **사전 커트 시 머리끝을 테이퍼(taper)하지 않았다.**

> 머리끝 자지러짐은 약이 강함, 프로세싱 타임 과다, 너무 가는 로드 사용, 텐션 부족 등이 원인이다. 테이퍼 여부는 직접적 원인이 아니다.

★ 20

고대 중국 미용의 설명으로 틀린 것은?

① 하(夏)나라 시대에 분을, 은(殷)나라의 주왕 때에는 연지 화장이 사용되었다.
② 아방궁 3천명의 미희들에게 백분과 연지를 바르게 하고 눈썹을 그리게 했다.
③ 액황이라고 하여 이마에 발라 약간의 입체감을 주었으며 홍장이라고 하여 백분을 바른 후 다시 연지를 덧발랐다.
④ **두발을 짧게 깎거나 밀어내고 그 위에 일광을 막을 수 있는 대용물로써 가발을 즐겨 썼다.**

> 고대 중국은 긴 머리 유지가 기본이었으며, 가발을 즐겨 쓰지 않았다.

21 ★★★

합병증으로 고환염, 뇌수막염 등이 초래되어 불임이 될 수도 있는 질환은?

① 홍역
② 뇌염
③ 풍진
④ **유행성 이하선염**

유행성 이하선염은 사춘기 이후 남성에게 고환염을 유발하여 불임 위험을 초래할 수 있다.

22 ★

이상 저온 작업으로 인한 건강 장애인 것은?

① **참호족**
② 열경련
③ 울열증
④ 열쇠약증

참호족은 장시간 저온·습기에 노출될 때 발생하는 저온성 손상이다.

23 ★

단위 체적 안에 포함된 수분의 절대량을 중량이나 압력으로 표시한 것으로 현재 공기 1m³ 중에 함유된 수증기량 또는 수증기 장력을 나타낸 것은?

① **절대습도**
② 포화습도
③ 비교습도
④ 포차

절대습도는 공기 1m³ 중 포함된 수증기의 실제 양을 의미한다.

24 ★★

보균자(Carrier)는 전염병 관리상 어려운 대상이다. 그 이유와 관계가 가장 먼 것은?

① 색출이 어려우므로
② 활동영역이 넓기 때문에
③ 격리가 어려우므로
④ **치료가 되지 않으므로**

보균자는 색출의 어려움, 활동 범위 넓음, 격리의 어려움 때문에 관리가 어렵다. 치료 불가 때문은 아니다.

25 ★★★

다음 중 기생충과 전파 매개체의 연결이 옳은 것은?

① 무구조충 – 돼지고기
② 간디스토마 – 바다회
③ **폐디스토마 – 가재**
④ 광절열두조충 – 쇠고기

폐디스토마는 가재·게를 통해 감염된다.

26 ★★★

다음 중 공중보건사업의 대상으로 가장 적절한 것은?

① 성인병 환자
② 입원 환자
③ 암투병 환자
④ **지역사회 주민**

공중보건사업은 전체 지역사회 주민을 대상으로 한다.

☆ 27

대기오염을 일으키는 원인으로 거리가 가장 먼 것은?

① 도시의 인구 감소
② 교통량의 증가
③ 기계문명의 발달
④ 중화학공업의 난립

> 인구 감소는 오히려 오염을 줄일 수 있다.

☆☆☆ 28

한 나라의 보건수준을 측정하는 지표로서 가장 적절한 것은?

① 의과대학 설치수
② 국민소득
③ 전염병 발생률
④ 영아사망률

> 영아사망률은 국가 보건·의료·위생 수준을 가장 잘 반영한다.

☆☆☆ 29

수인성(水因性) 전염병이 아닌 것은?

① 일본뇌염
② 이질
③ 콜레라
④ 장티푸스

> 일본뇌염은 모기 매개 질환이다.

☆☆ 30

법정전염병 중 제3군 전염병에 속하지 않는 것은?

① B형간염
② 공수병
③ 렙토스피라증
④ 쯔쯔가무시증

> 제3군 전염병은 주로 간헐적으로 발생하며 지속적인 감시가 필요한 감염병으로, 공수병(광견병), 렙토스피라증, 쯔쯔가무시증 등이 있다.

☆☆ 31

비교적 약한 살균력을 작용시켜 병원 미생물의 생활력을 파괴하여 감염의 위험성을 없애는 조작은?

① 소독
② 고압증기멸균
③ 방부처리
④ 냉각처리

> 소독은 병원성 미생물만 제거하는 부분적 살균이다.

☆☆ 32

금속성 식기, 면 종류의 의류, 도자기의 소독에 적합한 소독방법은?

① 화염멸균법
② 건열멸균법
③ 소각소독법
④ 자비소독법

> 자비소독은 끓는 물을 이용한 습열소독으로, 금속·면·도자기에 적합하다.

33 ★★

소독약품으로서 갖추어야 할 구비조건이 아닌 것은?

① 안전성이 높을 것
② 독성이 낮을 것
③ 부식성이 강할 것
④ 융해성이 높을 것

소독약은 부식성이 낮고 안전해야 한다.

34 ★

균체의 단백질 응고작용과 관계가 가장 적은 것은?

① 석탄산
② 크레졸액
③ 알코올
④ 과산화수소수

과산화수소는 산화작용이 강하며, 단백질 응고와는 거리가 있다.

35 ★★

석탄산계수(페놀계수)가 5일 때 의미하는 살균력은?

① 페놀보다 5배 높다.
② 페놀보다 5배 낮다.
③ 페놀보다 50배 높다.
④ 페놀보다 50배 낮다.

석탄산계수 5는 해당 소독제가 페놀보다 5배 강한 살균력을 가진다는 의미이다.

36 ★★★

소독약을 사용하여 균 자체에 화학반응을 일으켜 세균의 생활력을 빼앗아 살균하는 것은?

① 물리적 멸균법
② 건열멸균법
③ 여과멸균법
④ 화학적 살균법

화학적 살균법은 소독약이 균과 반응해 생활력을 제거하는 방식이다.

37 ★★★

세균들은 외부환경에 대하여 저항하기 위해서 아포를 형성하는데 다음 중 아포를 형성하지 않는 세균은?

① 탄저균
② 젖산균
③ 파상풍균
④ 보툴리누스균

젖산균은 아포를 만들지 않는 비포자균이다.

38 ★★

(　　) 안에 알맞은 것은?

미생물이란 일반적으로 육안의 가시 한계를 넘어서 (　　)mm 이하의 미세한 생물체를 총칭하는 것이나.

① 0.01
② 0.1
③ 1
④ 10

미생물은 일반적으로 0.1mm 이하의 크기를 가진다.

✿ 39

미생물의 성장과 사멸에 주로 영향을 미치는 요소로 가장 거리가 먼 것은?

① 영양
② 빛
③ 온도
④ 호르몬

> 호르몬은 미생물 성장과 무관하다.

✿✿✿ 40

다음 중 이·미용실에서 사용하는 수건을 철저하게 소독하지 않았을 때 주로 발생할 수 있는 전염병은?

① 장티푸스
② 트라코마
③ 페스트
④ 일본뇌염

> 트라코마는 눈의 결막에 염증을 일으키는 질환으로, 위생 상태가 좋지 않은 수건이나 파리 등을 통해 전파되는 대표적인 접촉 전염병이다.

✿✿✿ 41

비늘모양의 죽은 피부세포가 엷은 회백색 조각으로 되어 떨어져 나가는 피부층은?

① 투명층
② 유극층
③ 기저층
④ 각질층

> 각질층은 각질세포가 탈락하는 표피 최외층이다.

✿✿✿ 42

파장이 가장 길고 인공 선탠 시 활용하는 광선은?

① UV - A
② UV - B
③ UV - C
④ r선

> UV - A는 파장이 길어 피부 깊숙이 침투하며 선탠에 사용된다.

✿✿✿ 43

피부 표피층 중에서 가장 두꺼운 층으로 세포표면에는 가시 모양의 돌기를 가지고 있는 것은?

① 유극층
② 과립층
③ 각질층
④ 기저층

> 유극층은 표피에서 가장 두꺼운 층이며, 가시 모양 돌기가 있는 것이 특징이다.

✿✿ 44

피부에는 한선(땀샘) 중 대한선은 어느 부위에서 볼 수 있는가?

① 얼굴과 손발
② 배와 등
③ 겨드랑이와 유두 주변
④ 팔과 다리

> 대한선(아포크린선)은 겨드랑이, 유두 주변 등 특정 부위에만 존재한다.

45

혈색을 좋게 하는 철분이 많이 들어있는 식품과 거리가 가장 먼 것은?

① 감자
② 시금치
③ 조개류
④ 소나 닭의 간

> 감자는 철분이 적어 혈색 개선과 관련이 없다.

46

피부발진 중 일시적인 증상으로 가려움증을 동반하여 불규칙적인 모양을 한 피부현상은?

① 농포
② 팽진
③ 구진
④ 결절

> 팽진은 두드러기처럼 가려움, 일시적 융기가 특징이다.

47

피부 색소침착에서 과색소 침착 증상이 아닌 것은?

① 기미
② 백반증
③ 주근깨
④ 검버섯

> 백반증은 멜라닌이 감소하는 저색소 침착이다.

48

화상의 구분 중 홍반, 부종, 통증뿐만 아니라 수포를 형성하는 것은?

① 제1도 화상
② 제2도 화상
③ 제3도 화상
④ 중급 화상

> 2도 화상은 진피까지 손상되어 수포가 발생한다.

49

천연보습인자 성분 중 가장 많이 차지하는 것은?

① 아미노산
② 피롤리돈 카르복시산
③ 젖산염
④ 포름산염

> 천연보습인자(NMF)의 약 40% 이상이 아미노산이다.

50

다음 중 바이러스성 피부질환은?

① 기미
② 주근깨
③ 여드름
④ 단순포진

> 단순포진은 HSV(단순포진 바이러스) 감염으로 발생한다.

★★ 51

면허증을 다른 사람에게 대여하여 면허가 취소되거나 정지명령을 받은 자는 지체 없이 누구에게 면허증을 반납해야 하는가?

① 시·도지사
② **시장·군수·구청장**
③ 보건복지부장관
④ 경찰서장

> 면허 취소·정지 시 면허증은 관할 시장·군수·구청장에게 반납해야 한다.

★★ 52

이·미용업의 영업자는 연간 몇 시간의 위생교육을 받아야 하는가?

① **3시간**
② 8시간
③ 10시간
④ 12시간

> 이·미용업 영업자는 매년 3시간의 위생교육을 받아야 한다.

★★ 53

영업소의 폐쇄명령을 받고도 영업을 하였을 시에 대한 벌칙기준은?

① 2년 이하의 징역 또는 3천만원 이하의 벌금
② **1년 이하의 징역 또는 1천만원 이하의 벌금**
③ 200만원 이하의 벌금
④ 100만원 이하의 벌금

> 영업정지명령 또는 일부 시설의 사용중지명령을 받고도 그 기간 중에 영업을 하거나 그 시설을 사용한 자 또는 영업소 폐쇄명령을 받고도 계속하여 영업을 한 자는 1년 이하의 징역 또는 1천만원 이하의 벌금에 처한다(공중위생관리법 제20조 제2항 제2호).

★★ 54

( ) 안에 알맞은 것은?

> 시장·군수·구청장은 공중위생영업의 정지 또는 일부 시설의 사용중지 등의 처분을 하고자 하는 때에는 ( )을/를 실시하여야 한다.

① 위생서비스 수준의 평가
② 공중위생감사
③ **청문**
④ 열람

> 영업정지나 시설 사용중지 같은 중대한 행정처분을 내릴 때는 영업자의 의견을 듣는 청문 절차가 법적 의무이다. 따라서 청문 없이 처분하는 것은 위법이다.

★★ 55

과징금 처분에 대한 설명으로 틀린 것은?

① **통지받은 날로부터 30일 이내에 과징금을 납부해야 한다.**
② 영업정지 처분에 갈음하여 1억원 이하의 과징금을 부과한다.
③ 과징금 부과 권한은 시장·군수·구청장에게 있다.
④ 과징금 징수 절차는 보건복지부령으로 정한다.

> 과징금 처분은 영업정지 처분에 갈음하여 1억원 이하의 과징금을 부과하며, 통지받은 날로부터 20일 이내에 과징금을 납부해야 한다. 과징금은 시장·군수·구청장이 부과하며, 과징금 징수 절차는 보건복지부령으로 정한다.

56 ★★★

이·미용사의 면허증을 다른 사람에게 대여한 때의 1차 위반 행정처분기준은?

① 영업정지 2월
② 면허정지 2월
③ 영업정지 3월
④ **면허정지 3월**

> 면허증 대여는 매우 중대한 위반으로, 1차 위반 시 면허정지 3월, 2차 위반 시 면허정지 6월, 3차 위반 시 면허취소의 행정처분이 내려진다.

57 ★★

이·미용업소 내에 게시하지 않아도 되는 것은?

① 이·미용업 신고증
② 개설자의 면허증 원본
③ **근무자의 면허증 원본**
④ 이·미용요금표

> 업소 내 필수 게시물은 이·미용업 신고증, 개설자 면허증 원본, 요금표이며, 근무자의 면허증은 게시 의무가 없다.

58 ★★★

공중위생영업에 속하지 않는 것은?

① **식당조리업**
② 숙박업
③ 이·미용업
④ 세탁업

> "공중위생영업"이라 함은 다수인을 대상으로 위생관리서비스를 제공하는 영업으로서 숙박업·목욕장업·이용업·미용업·세탁업·건물위생관리업을 말한다(공중위생관리법 제2조 제1항 제1호). 따라서 식당조리업은 공중위생영업에 해당되지 않는다.

59 ★

공중위생감시원의 자격에 해당되지 않는 자는?

① 위생사 자격증이 있는 자
② **대학에서 미용학을 전공하고 졸업한 자**
③ 외국에서 환경기사의 면허를 받은 자
④ 3년 이상 공중위생 행정에 종사한 경력이 있는 자

> 대학에서 화학·화공학·환경공학 또는 위생학 분야를 전공하고 졸업한 사람 또는 법령에 따라 이와 같은 수준 이상의 학력이 있다고 인정되는 사람이 공중위생감시원의 자격이 있으므로, 대학에서 미용학 전공자는 해당이 되지 않는다.

60 ★★

건전한 영업질서를 위하여 공중위생영업자가 준수하여야 할 사항을 준수하지 아니한 자에 대한 벌칙 기준은?

① 1년 이하의 징역 또는 1천만원 이하의 벌금
② **6월 이하의 징역 또는 500만원 이하의 벌금**
③ 3월 이하의 징역 또는 300만원 이하의 벌금
④ 300만원의 과태료

> 건전한 영업질서를 위하여 공중위생영업자가 준수하여야 할 사항을 준수하지 아니한 자는 6월 이하의 징역 또는 500만원 이하의 벌금에 처한다(공중위생관리법 제20조 제3항 제3호).

제6회 CBT 기출복원문제

☆ 01

신징(singeing)의 목적에 해당하지 않는 것은?

① 불필요한 두발을 제거하고 건강한 두발의 순조로운 발육을 조장한다.
② 잘라지거나 갈라진 두발로부터 영양물질이 흘러나오는 것을 막는다.
③ 양이 많은 두발에 숱을 쳐내는 것이다.
④ 온열자극에 의해 두부의 혈액순환을 촉진시킨다.

> 신징은 열을 이용해 갈라진 끝을 정리하고 두피 혈액순환을 돕는 시술이다.

☆☆ 02

브러시의 종류에 따른 사용 목적이 틀린 것은?

① 덴멘 브러시는 열에 강하여 모발에 텐션과 볼륨감을 주는데 사용한다.
② 롤 브러시는 롤의 크기가 다양하고 웨이브를 만들기에 적합하다.
③ 스켈톤 브러시는 여성 헤어스타일이나 긴 머리 헤어스타일 정동에 주로 사용된다.
④ S영 브러시는 바람머리 같은 방향성을 살린 헤어스타일 정돈에 적합하다.

> 스켈톤 브러시(Skeleton brush)
> • 빗살이 드문 구조로 통풍이 잘되어 드라이 시 건조를 빠르게 하고 뿌리 볼륨 형성에 사용한다.
> • 주 용도는 짧은 머리나 남성 스타일, 뿌리 볼륨 작업에 사용한다.

☆☆☆ 03

블런트 커팅과 같은 뜻을 가진 것은?

① 프레 커트
② 애프터 커트
③ 클럽 커트
④ 드라이 커트

> 블런트 커트는 일자 커트(클럽 커트)와 동일한 개념이다.

☆☆ 04

퍼머넌트 웨이브의 제2액 주제로서 취소산나트륨과 취소산칼륨은 몇 %의 적정 수용액을 만들어서 사용하는가?

① 1 ~ 2%
② 3 ~ 5%
③ 5 ~ 7%
④ 7 ~ 9%

> 제2액(중화제)은 3~5% 농도가 가장 안정적으로 시스틴 결합을 재형성한다.

☆ 05

베이스(base)는 컬 스트랜드의 근원에 해당된다. 다음 중 오블롱(oblong) 베이스는 어느 것인가?

① 오형 베이스
② 정방형 베이스
③ 장방형 베이스
④ 아크 베이스

> 오블롱(oblong)은 길쭉한 형태로, 장방형 베이스를 의미한다.

06 ★★★

다음 중 손톱의 상조피를 자르는 가위는?

① 폴리쉬 리무버   ② 큐티클 니퍼즈
③ 큐티클 푸셔   ④ 네일 래커

> 큐티클 니퍼즈는 큐티클 제거 전용 도구이다.

07 ★★

원랭스(one length) 커트형에 해당되지 않는 것은?

① 평행보브형(parallel bob style)
② 이사도라형(isadora style)
③ 스파니엘형(spaniel style)
④ 레이어형(layer style)

> 원랭스(one length)는 층을 내지 않은 일자형이므로, 레이어형은 해당하지 않는다.

08 ★

조선시대 후반기에 유행하였던 일반 부녀자들의 머리 형태는?

① 쪽진 머리   ② 푼기명 머리
③ 쌍쌍투 머리   ④ 귀밑 머리

> 조선시대 후반 일반 부녀자들 사이에는 쪽진머리가 유행하였다.

09 ★★

콜드 퍼머넌트 웨이빙(cold permanent waving) 시 비닐캡(vinyl cap)을 씌우는 목적 및 이유에 해당되지 않는 것은?

① 라놀린(lanolin)의 약효를 높여주므로 제1액의 피부염 유발 위험을 줄인다.
② 체온의 방산(放散)을 막아 솔루션(solution)의 작용을 촉진한다.
③ 퍼머넌트액의 작용이 두발 전체에 골고루 진행되도록 돕는다.
④ 휘발성 알칼리(암모니아 가스)의 산일(散逸)작용을 방지한다.

> 비닐캡은 체온 유지, 약액 증발 방지, 약액 작용 균일화가 목적이며, 라놀린 약효와는 무관하다.

10 ★

물결상이 극단적으로 많은 웨이브로 곱슬곱슬하게 된 퍼머넌트의 두발에서 주로 볼 수 있는 것은?

① 와이드 웨이브   ② 섀도우 웨이브
③ 내로우 웨이브   ④ 마샬웨이브

> 곱슬이 심할수록 웨이브 폭이 좁아져 내로우 웨이브가 나타난다.

11 ★

마샬 웨이브에서 건강모인 경우에 아이론의 적정온도는?

① 80 ~ 100℃   ② 100 ~ 120℃
③ 120 ~ 140℃   ④ 140 ~ 160℃

> 건강모는 열에 강하므로 120~140℃가 적정 온도이다.

12

고대 중국 당나라시대의 메이크업과 가장 거리가 먼 것은?

① 백분, 연지로 얼굴형 부각
② 액황을 이마에 발라 입체감 살림
③ 10가지 종류의 눈썹모양으로 개성을 표현
④ 일본에서 유입된 가부끼 화장이 서민에게까지 성행

가부키 화장은 일본 전통극 화장으로, 당나라와 무관하다.

13

두발을 윤곽 있게 살려 목덜미(nape)에서 정수리(back)쪽으로 올라가면서 두발에 단차를 주어 커트하는 것은?

① 원랭스 커트   ② 쇼트 헤어 커트
③ 그라데이션 커트   ④ 스퀘어 커트

그라데이션 커트는 아래는 짧고 위로 갈수록 길어지는 층을 만든다.

14

헤어파팅(hair parting) 중 후두부를 정중선(正中線)으로 나눈 파트는?

① 센터 파트(center part)
② 스퀘어 파트(square part)
③ 카우릭 파트(cowlick part)
④ 센터 백 파트(center back part)

센터 백 파트는 후두부 중심을 기준으로 나누는 파트이다.

15

퍼머넌트 웨이브 후 두발이 자지러지는 원인이 아닌 것은?

① 사전 커트 시 두발 끝을 심하게 테이퍼한 경우
② 로드의 굵기가 너무 가는 것을 사용한 경우
③ 와인딩 시 텐션을 주지 않고 느슨하게 한 경우
④ 오버 프로세싱을 하지 않은 경우

자지러짐은 과도한 테이퍼, 가는 로드 사용, 텐션 부족 등이 원인이며, 오버프로세싱을 하지 않은 것은 관계가 없다.

16

퍼머넌트 웨이브가 잘 나오지 않는 경우가 아닌 것은?

① 와인딩 시 텐션을 주어 말았을 경우
② 사전 샴푸 시 비누와 경수로 샴푸하여 두발에 금속염이 형성된 경우
③ 두발이 저항모이거나 불수성모로 경모인 경우
④ 오버 프로세싱으로 시스틴이 지나지게 파괴된 경우

와인딩 시 텐션을 주면 오히려 웨이브가 잘 나올 가능성이 있다.

17

다음 중 비듬제거 샴푸로서 가장 적당한 것은?

① 핫오일 샴푸
② 드라이 샴푸
③ 댄드러프 샴푸
④ 플레인 샴푸

댄드러프 샴푸는 항비듬 성분이 포함되어 있다.

18

헤어 블리치제의 산화제로써 오일 베이스제는 무엇에 유황유가 혼합되는 것인가?

① 과붕산나트륨
② 탄산마그네슘
③ 라놀린
④ **과산화수소수**

> 과산화수소수는 탈색 시 산화 반응을 일으키는 핵심 성분이다.

19

브러시의 손질법으로 부적당한 것은?

① 보통 비눗물이나 탄산소다수에 담그고 부드러운 털은 손으로 가볍게 비벼 빤다.
② 털이 빳빳한 것은 세정 브러시로 닦아낸다.
③ **털이 위로 가도록 하여 햇볕에 말린다.**
④ 소독방법으로 석탄산수를 사용해도 된다.

> 브러시는 그늘에서 자연 건조해야 하며, 털이 위로 향하게 말리면 변형되므로 아래로 향하게 해야 한다.

20

다음 샴푸 시술 시의 주의사항으로 틀린 것은?

① 손님의 의상이 젖지 않게 신경을 쓴다.
② 두발을 적시기 전에 물의 온도를 점검한다.
③ **손톱으로 두피를 문지르며 비빈다.**
④ 다른 손님에게 사용한 타올은 쓰지 않는다.

> 샴푸는 손바닥과 지문 부분으로 해야 한다.

21

법정 전염병 중 제3군 전염병에 속하지 않는 것은?

① 후천성면역결핍증
② **장티푸스**
③ 일본뇌염
④ B형간염

> 장티푸스는 제2군 감염병에 해당하며, 나머지 후천성면역결핍증, 일본뇌염, B형간염은 제3군 감염병에 해당한다.

22

하수오염이 심할수록 BOD는 어떻게 되는가?

① 수치가 낮아진다.
② **수치가 높아진다.**
③ 아무런 영향이 없다.
④ 높아졌다 낮아졌다 반복한다.

> 유기물이 많을수록 미생물 활동이 증가해 생화학적 산소요구량(BOD)은 상승한다.

23

분뇨의 비위생적 처리로 오염될 수 있는 기생충으로 가장 거리가 먼 것은?

① 회충
② **사상충**
③ 십이지장충
④ 편충

> 사상충은 모기 매개 질환이다.

24

대기오염에 영향을 미치는 기상조건으로 가장 관계가 큰 것은?

① 강우, 강설
② 고온, 고습
③ **기온역전**
④ 저기압

기온역전은 오염물질이 대기 하층에 갇혀 오염 농도가 증가한다.

25

다음 중 환자의 격리가 가장 중요한 관리방법이 되는 것은?

① 파상풍, 백일해
② 일본뇌염, 성홍열
③ **결핵, 한센병**
④ 폴리오, 풍진

전염력이 높아 격리 조치가 필수이다.

26

어류인 송어, 연어 등을 날로 먹었을 때 주로 감염될 수 있는 것은?

① 갈고리촌충
② **긴촌충**
③ 폐디스토마
④ 선모충

긴촌충은 어류 생식으로 감염된다.

27

소음이 인체에 미치는 영향으로 가장 거리가 먼 것은?

① 불안증 및 노이로제
② 청력장애
③ **중이염**
④ 작업능률 저하

중이염은 감염성 질환이며, 소음과 무관하다.

28

음용수의 일반적인 오염지표로 사용되는 것은?

① 탁도
② 일반세균수
③ **대장균수**
④ 경도

대장균 검출은 분변오염의 대표 지표이다.

29

한 국가나 지역사회 간의 보건수준을 비교하는데 사용되는 대표적인 3대 지표는?

① **영아사망률, 비례사망지수, 평균수명**
② 영아사망률, 사인별 사망률, 평균수명
③ 유아사망률, 모성사망률, 비례사망지수
④ 유아사망률, 사인별 사망률, 영아사망률

한 국가나 지역사회 간의 보건수준을 비교하는데 사용되는 대표적인 3대 지표는 영아사망률, 비례사망지수, 평균수명이다.

30

산업피로의 본질과 가장 관계가 먼 것은?

① 생체의 생리적 변화
② 피로감각
③ 산업구조의 변화
④ 작업량 변화

산업피로는 작업량·생리적 변화, 피로감각과 관련되며, 산업구조의 변화와는 관계가 없다.

31

3% 소독액 1,000ml를 만드는 방법으로 옳은 것은? (단, 소독액 원액의 농도는 100%이다.)

① 원액 300ml에 물 700ml를 가한다.
② 원액 30ml에 물 970ml를 가한다.
③ 원액 3ml에 물 997ml를 가한다.
④ 원액 3ml에 물 1,000ml를 가한다.

1,000ml × 3% = 30ml이므로, 원액 30ml + 물 970ml = 1,000ml가 된다.

32

소독약에 대한 설명 중 적합하지 않은 것은?

① 소독시간이 적당한 것
② 소독 대상물을 손상시키지 않는 소독약을 선택할 것
③ 인체에 무해하며 취급이 간편할 것
④ 소독약은 항상 청결하고 밝은 장소에 보관할 것

빛에 노출되면 효능이 감소할 수 있다.

33

물리적 살균법에 해당되지 않는 것은?

① 열을 가한다.
② 건조시킨다.
③ 물을 끓인다.
④ 포름알데하이드를 사용한다.

포름알데하이드는 화학적 살균제이다.

34

비교적 가격이 저렴하고 살균력이 있으며 쉽게 증발되어 잔여량이 없는 살균제는?

① 알코올
② 요오드
③ 크레졸
④ 페놀

알코올은 빠르게 증발해 잔여물이 남지 않는다.

35

질병 발생의 역학적 삼각형 모형에 속하는 요인이 아닌 것은?

① 병인적 요인
② 숙주적 요인
③ 감염적 요인
④ 환경적 요인

질병 발생의 역학적 삼각형 모형은 병인, 숙주, 환경으로 구성된다.

36

다음 중 승홍수 사용 시 적당하지 않은 것은?

① 사기 그릇
② **금속류**
③ 유리
④ 에나멜 그릇

> 승홍수는 금속을 부식시키므로 금속류는 부적합하다.

37

다음 미생물 중 크기가 가장 작은 것은?

① 세균
② 곰팡이
③ 리케차
④ **바이러스**

> 미생물의 크기
> 곰팡이 > 효모 > 스피로헤타 > 세균 > 리케차 > 바이러스

38

방역용 석탄산의 가장 적당한 희석농도는?

① 0.1%
② 0.3%
③ **3.0%**
④ 75%

> ① 0.1%: 소독 효과가 충분하지 않다.
> ② 0.3%: 방역용으로는 농도가 낮다.
> ③ 3.0%: 세균 소독에 적절한 농도이다.
> ④ 75%: 알코올의 적정 농도에 해당하며, 석탄산과는 무관하다.

39

일광소독법은 햇빛 중의 어떤 영역에 의해 소독이 가능한가?

① 적외선
② **자외선**
③ 가시광선
④ 우주선

> 자외선은 살균 효과가 있다.

40

다음 소독 방법 중 완전 멸균으로 가장 빠르고 효과적인 방법은?

① 유통증기법
② 간헐살균법
③ **고압증기법**
④ 건열소독

> 고압증기법(오토클레이브)은 121℃ 고압증기로 완전 멸균이 가능하다.

41

피부의 표피세포는 대략 몇 주 정도의 교체 주기를 가지고 있는가?

① 1주
② 2주
③ 3주
④ **4주**

> 각질세포는 약 28일(4주) 주기로 교체된다.

★★ 42

자외선 B는 자외선 A보다 홍반 발생 능력이 몇 배 정도인가?

① 10배
② 100배
③ 1,000배
④ 10,000배

> UV-B는 UV-A보다 홍반 유발이 약 1,000배 강하다.

★★★ 43

신체 부위 중 피부 두께가 가장 얇은 곳은?

① 손등 피부
② 볼 부위
③ 눈꺼풀 피부
④ 둔부

> 눈꺼풀은 0.5mm 이하로 매우 얇다.

★ 44

다음 중 알레르기에 의한 피부의 반응이 아닌 것은?

① 화장품에 의한 피부염
② 가구나 의복에 의한 피부질환
③ 비타민 과다에 의한 피부질환
④ 내복한 약에 의한 피부질환

> 비타민 과다는 대사 문제이지 알레르기 반응이 아니다.

★★ 45

다음 사마귀 종류 중 얼굴, 턱, 입 주위와 손등에 잘 발생하는 것은?

① 심상성 사마귀
② 족저 사마귀
③ 첨규 사마귀
④ 편평 사마귀

> 편평 사마귀는 평평하고 작은 형태로 얼굴에 흔하다.

★★★ 46

피부가 추위를 감지하면 근육을 수축시켜 털을 세우게 한다. 어떤 근육이 털을 세우게 하는가?

① 안륜근
② 입모근
③ 전두근
④ 후두근

> 입모근은 추위나 감정 자극 시 털을 세우는 근육이다.

★★★ 47

단백질의 최종 가수분해 물질은?

① 지방산
② 콜레스테롤
③ 아미노산
④ 카노틴

> 단백질은 소화 과정에서 아미노산으로 분해된다.

48

여드름 발생원인과 증상에 대한 것으로 틀린 것은?

① 호르몬의 불균형
② 불규칙한 식생활
③ **중년 여성에게만 나타남**
④ 주로 사춘기 때 많이 나타남

> 여드름은 피지 분비 증가·호르몬 변화·식습관·스트레스 등 다양한 원인으로 발생하며, 특히 사춘기 청소년에게 가장 흔하게 나타나는 피부질환이다. 중년 여성에게만 나타난다는 설명은 사실과 다르다.

49

케라토히알린(keratohyaline) 과립은 피부 표피의 어느 층에 주로 존재하는가?

① **과립층**
② 유극층
③ 기저층
④ 투명층

> 케라토히알린 과립은 각질 형성 과정에서 중요한 단백질로, 표피의 과립층(granular layer)에 집중적으로 존재한다.

50

자외선 차단지수를 무엇이라 하는가?

① FDA
② **SPF**
③ SCI
④ WHO

> SPF(Sun Protection Factor)는 UV-B 차단 효과를 수치화한 지수로, 선크림·자외선 차단제의 성능을 나타낼 때 사용된다.

51

이·미용사의 면허증을 대여한 때의 1차 위반 행정처분기준은?

① **면허정지 3월**
② 면허정지 6월
③ 영업정지 3월
④ 영업정지 6월

> 면허증 대여는 매우 중대한 위반으로, 1차 위반 시 면허정지 3월, 2차 위반 시 면허정지 6월, 3차 위반 시 면허취소의 행정처분이 내려진다.

52

다음 중 이·미용사의 면허를 발급하는 기관이 아닌 것은?

① 서울시 마포구청장
② 제주도 수귀포시장
③ 인천시 부평구청장
④ **경기도지사**

> 이·미용사 면허는 시장·군수·구청장이 발급한다.

53

공중위생업소가 의료법을 위반하여 폐쇄명령을 받았다. 최소한 어느 정도의 기간이 경과되어야 동일 장소에서 동일영업이 가능한가?

① 3개월 ② **6개월**
③ 9개월 ④ 12개월

> 폐쇄명령을 받은 업소는 6개월이 지나야 동일 장소에서 동일 영업을 재개할 수 있다.

★★ 54

이·미용사 면허증을 분실하였을 때 누구에게 재교부 신청을 하여야 하는가?

① 보건복지부장관
② 시·도지사
③ **시장·군수·구청장**
④ 협회장

> 면허증 재교부는 관할 행정청(시장·군수·구청장)에 신청해야 한다.

★ 55

위생관리등급 공표사항으로 틀린 것은?

① 시장, 군수, 구청장은 위생서비스 평가결과에 따른 위생관리등급을 공중위생영업자에게 통보하고 공표한다.
② 공중위생영업자는 통보받은 위생관리등급의 표지를 영업소 출입구에 부착할 수 있다.
③ **시장, 군수, 구청장은 위생서비스 결과에 따른 위생관리등급 우수업소에는 위생감시를 면제할 수 있다.**
④ 시장, 군수, 구청장은 위생서비스평가의 결과에 따른 위생관리등급별로 영업소에 대한 위생감시를 실시하여야 한다.

> 위생관리등급이 우수하더라도 위생감시는 반드시 실시해야 하며, 면제 규정은 존재하지 않는다.

★ 56

이·미용사가 면허증 재교부 신청을 할 수 없는 것은?

① 면허증을 잃어버린 때
② 면허증 기재사항의 변경이 있는 때
③ 면허증이 못쓰게 된 때
④ **면허증이 더러운 때**

> 재교부 사유는 분실, 훼손, 기재사항 변경 등이며, 단순히 더러워졌다는 이유만으로는 재교부가 불가하다.

★★ 57

다음 중 이용사 또는 미용사의 면허를 취소할 수 있는 대상에 해당되지 않는 자는?

① 정신질환자
② 감염병환자
③ 피성년후견인
④ **당뇨병환자**

> 면허 취소 대상은 정신질환자, 감염병 환자, 피성년후견인 등이며, 당뇨병 환자는 취소 대상이 아니다.

★★★ 58

공중위생영업을 하고자 하는 위생교육을 언제 받아야 하는가? (단, 예외 조항은 제외한다.)

① 영업소 개설을 통보한 후에 위생교육을 받는다.
② 영업소를 운영하면서 자유로운 시간에 위생교육을 받는다.
③ **영업신고를 하기 전에 미리 위생교육을 받는다.**
④ 영업소 개설 후 3개월 이내에 위생교육을 받는다.

> 공중위생영업자는 영업신고 전에 반드시 위생교육을 이수해야 한다.

59

★★★

과징금 처분의 통지를 받은 날부터 며칠 이내에 과징금을 납부해야 하는가?

① 5일
② 10일
③ 15일
④ 20일

> 과징금 처분 통지를 받은 날로부터 20일 이내에 과징금을 납부해야 한다.

60

★

시・도지사 또는 시장・군수・구청장은 공중위생관리상 필요하다고 인정하는 때에 공중위생영업자 등에 대하여 필요한 조치를 취할 수 있다. 이 조치에 해당하는 것은?

① 보고
② 청문
③ 감독
④ 협의

> 시장・군수・구청장은 공중위생관리상 필요하다고 판단되면 영업자에게 보고를 요구하는 조치를 취할 수 있다.

제7회 CBT 기출복원문제

Chapter 07

★★ 01

조선시대 옛 여인이 예장할 때 정수리 부분에 꽂던 머리의 장신구는?

① 빗　　　　　　　② 봉잠
③ 비녀　　　　　　❹ 첩지

> 첩지는 조선시대 여성이 예장 시 정수리에 꽂던 장신구로, 신분과 의례를 상징하는 장식물이다.

★★★ 02

큐티클 니퍼즈(cuticle nippers)란?

① 상조피를 미는 것을 말한다.
② 상조피를 제거하는 액을 말한다.
③ 손톱을 자르는 가위를 말한다.
❹ 상조피를 잘라내는 가위를 말한다.

> 큐티클 니퍼는 손톱 주위의 상조피를 절단하는 기구로, 밀어내는 도구가 아니라 절단용 가위이다.

★★★ 03

퍼머넌트 웨이브(permanent wave) 시술 시 정확한 프로세싱 타임을 결정하고 웨이브의 형성 정도를 조사하는 것은?

❶ 테스트 컬　　　　② 패치 테스트
③ 스트랜드 테스트　　④ 컬러 테스트

> 테스트 컬은 퍼머 시술 중 웨이브 형성 정도를 확인하여 적정 프로세싱 타임을 판단하는 방법이다.

★★ 04

완성된 컬을 핀이나 클립을 사용하여 적당한 위치에 고정시키는 것을 무엇이라 하는가?

① 트리밍
❷ 컬피닝
③ 클립핑
④ 세이핑

> 컬피닝은 완성된 컬을 핀으로 고정하여 냉각·건조 중 형태를 유지시키는 작업이다.

★ 05

헤어세팅에 있어서 웨이브의 형상에 따라 분류하는 것으로서 크레스트가 너무 약하게 되어 리지가 눈에 잘 띄지 않는 웨이브는?

① 버티컬 웨이브
❷ 섀도우 웨이브
③ 내로우 웨이브
④ 와이드 웨이브

> 섀도우 웨이브는 리지가 약해 그림자처럼 부드럽게 표현되는 자연스러운 웨이브 형태이다.

06

스컬프처 컬(sculpture curl)에 관한 설명으로 옳은 것은?

① 두발 끝이 컬 루프의 중심이 된다.
② 두발 끝이 컬의 좌측이 된다.
③ 두발 끝이 컬의 바깥쪽이 된다.
④ 두발 끝이 컬의 우측이 된다.

스컬프처 컬은 모발 끝이 컬 중심에 위치하는 형태이다.

07

핸드 마사지의 고타법 설명 중 틀리게 짝지어진 것은?

① 해킹: 손의 바깥측면과 손목 사용
② 슬래핑: 살짝 쥔 주먹 사용
③ 커핑: 손바닥을 우묵하게 사용
④ 너클링: 손가락 끝과 손가락 옆 부분 사용

슬래핑은 손바닥을 사용하는 고타법이며, 주먹은 사용하지 않는다.

08

다공성모에 알맞은 샴푸제의 선정 시 두발에 탄력성과 강도를 좋게 하는데 가장 적합한 샴푸제는?

① 프로테인 샴푸제
② 중성 샴푸제
③ 약용 샴푸제
④ 약산성 샴푸제

손상되거나 다공성이 높은 모발은 단백질이 부족하기 때문에 프로테인 샴푸를 사용하면 탄력과 강도를 회복할 수 있다.

09

다음 중 흰 얼굴에 가장 알맞은 백분의 색깔은?

① 흰색
② 갈색계
③ 베이지계
④ 핑크계

흰 피부에는 핑크계 백분이 가장 자연스럽게 어울리며, 혈색을 살려 건강한 인상을 준다.

10

미안용기기 중에서 피부의 노폐물 배설을 촉진시키고 비타민 D를 생성하는 기기의 이름은?

① 적외선등
② 자외선등
③ 테슬라 전류미안기
④ 갤버닉 전류미안기

자외선은 피부 노폐물 배출을 촉진시키고 비타민 D 합성을 돕는다.

11

다음 중 산성 린스에 속하지 않는 것은?

① 구연산 린스
② 식초 린스
③ 레몬 린스
④ 올리브유 린스

산성 린스에는 구연산 린스, 식초 린스, 레몬 린스 등이 포함되며, 올리브유는 산성 성분이 아니라 보습·영양 성분에 가까워 산성 린스에 속하지 않는다.

★★ 12

다음 중 염색시간과 방치시간이 가장 짧으며 충분한 컨디셔닝이 필요한 두발은?

① 유성 두발　　　② **손상 두발**
③ 발수성 두발　　④ 흰 두발

> 손상된 모발은 큐티클이 열려 있어 약제가 빠르게 흡수되므로 염색·펌 시 방치 시간이 짧다. 또한 손상모는 수분과 단백질이 부족하므로 충분한 컨디셔닝이 필요하다.

★★★ 13

헤어 트리트먼트의 목적을 설명한 것 중 가장 옳은 것은?

① 두피의 생리기능을 높여준다.
② 비듬을 제거하고 방지한다.
③ **두발의 모표피를 단단하게 하며 적당한 수분함량을 원상태로 회복시킨다.**
④ 두피를 청결하게 하며 두피의 성육을 조장한다.

> 헤어 트리트먼트의 목적은 단순히 두피 청결이 아니라 모발의 큐티클을 강화하고 손상된 수분 밸런스를 회복하는 것이다. 특히 화학시술 후 모발은 수분과 단백질이 손실되므로 트리트먼트가 필수적이다.

★ 14

컬(Curl)을 구성하는데 필요한 요소에 해당되지 않는 것은?

① **헤어 파트**　　② 스템의 방향
③ 텐션　　　　　④ 헤어 세이핑

> 컬을 구성하는 요소는 스템 방향, 텐션, 세이핑 등이며, 단순히 모발을 나누는 '헤어 파트'는 컬 형성 요소에 포함되지 않는다.

★★★ 15

두발을 밝은 갈색으로 염색한 후 다시 자라난 두발에 염색을 하는 것을 무엇이라 하는가?

① 영구적 염색　　② 패치테스트
③ 스트랜드 테스트　④ **리터치**

> 리터치는 새로 자라난 뿌리 부분만 염색하는 시술이다. 전체 모발을 반복 염색하면 손상이 심해지므로 뿌리만 보완하는 리터치가 실무에서 중요하다.

★★ 16

다음 중 지방성 피부에 가장 적당한 화장수는?

① 글리세린　　　② 유연화장수
③ **수렴성화장수**　④ 영양화장수

> 지성 피부는 피지 분비가 많아 모공이 넓고 번들거림이 심하다. 수렴성 화장수는 모공을 수축시키고 피지를 억제하여 지성 피부 관리에 적합하다.

★ 17

롤러컬의 종류 중 볼륨감을 가장 크게 하고 싶을 때 세이프(shape)하는 각도는?

① **두피에서 전방으로 약 45°**
② 두피에서 전방으로 약 90°
③ 두피에서 전방으로 약 70°
④ 두피에서 후방으로 약 45°

> 롤러컬을 세이핑할 때 두피에서 전방 45°로 잡으면 볼륨이 가장 크게 형성된다. 이는 헤어스타일에서 풍성한 볼륨감을 줄 때 활용된다.

✮✮ 18

페더링(feathering)이라고도 하며 두발 끝을 점차적으로 가늘게 커트하는 방법은?

① 클리핑(clipping)
② **테이퍼링(tapering)**
③ 트리밍(trimming)
④ 틴닝(thinning)

> 테이퍼링은 '페더링'이라고도 하며, 모발 끝을 점차 얇게 커트하는 방법이다. 자연스럽고 부드러운 마무리를 위해 사용된다.

✮✮ 19

클럽 커팅(club cutting)기법에 해당되는 것은?

① 스트로크 커트(stroke cut)
② 틴닝(thinning)
③ **스퀘어 커트(square cut)**
④ 테이퍼링(tapering)

> 클럽 커팅은 모발을 동일한 길이로 자르는 기법으로, 스퀘어 커트가 이에 해당하며, 균일한 길이를 유지하는 기본적인 커트 방식이다.

✮✮✮ 20

다음 중 무대화장을 일컫는 화장법은?

① 데이 타임 메이크업
② 선번 메이크업
③ **그리스 페인트 메이크업**
④ 컬러 포토 메이크업

> 그리스 페인트 메이크업은 무대용 화장법으로, 강한 조명 아래에서도 얼굴 윤곽과 표정이 뚜렷하게 드러나도록 색조를 강하게 사용하는 것이 특징이다.

✮✮ 21

분진 흡입에 의하여 폐에 조직반응을 일으킨 상태는?

① **진폐증**
② 기관지염
③ 폐렴
④ 결핵

> 진폐증은 분진을 장기간 흡입하면 폐 조직에 손상이 생겨 발생하는 직업병으로, 광부나 분진 작업자에게 흔히 나타난다.

✮✮ 22

다음 전염병 중 기본 예방접종의 시기가 가장 늦은 것은?

① 디프테리아
② 백일해
③ 폴리오
④ **일본뇌염**

> 디프테리아, 백일해, 폴리오는 생후 2개월부터 기초접종이 시작되는 국가 필수 예방접종이다. 반면 일본뇌염은 생후 12개월 이후부터 접종이 시작되므로 기본 예방접종 시기가 가장 늦다.

✮✮✮ 23

다음 중 제3군 법정전염병에 속하는 것은?

① A형간염
② **후천성면역결핍증**
③ 세균성이질
④ 디프테리아

> 후천성면역결핍증(AIDS)은 제3군 법정전염병으로 분류된다. 이는 전염성이 강하고 사회적 관리가 필요한 질환으로, 예방과 관리가 공중보건학에서 중요한 과제이다.

☆ 24

공중보건사업의 개념상 그 관련성이 가장 적은 내용은?

① 가족계획 및 모자보건사업
② 검역 및 예방접종사업
③ 결핵 및 성병관리사업
④ 선천이상자 및 암환자의 치료

> 공중보건사업은 예방과 관리 중심인데, 암이나 선천적 이상 치료는 의료적 치료 범주에 속해 직접적인 공중보건사업과는 거리가 있다.

☆☆ 25

건강보균자를 설명한 것으로 가장 적절한 것은?

① 전염병에 걸렸지만 자각증상이 없는 자
② 병원체를 보유하고 있으나 증상이 없으며 체외로 이를 배설하고 있는 자
③ 전염병에 이환되어 발생하기까지의 기간에 있는 자
④ 전염병에 걸렸다 완전히 치유된 자

> 건강보균자는 겉으로는 증상이 없지만 병원체를 배출하여 전염을 일으킬 수 있다. 대표적으로 장티푸스 보균자가 있으며, 이들의 관리가 전염병 예방에 핵심이다.

☆☆☆ 26

수인성으로 전염되는 질병으로 엮어진 것은?

① 장티푸스 - 파라티푸스 - 간흡충증 - 세균성이질
② 콜레라 - 파라티푸스 - 세균성이질 - 폐흡충증
③ 장티푸스 - 파라티푸스 - 콜레라 - 세균성이질
④ 장티푸스 - 파라티푸스 - 콜레라 - 간흡충증

> 이 네 가지 질환은 모두 수인성 전염병으로, 오염된 물을 통해 전파되며, 위생관리와 안전한 식수 공급이 예방의 핵심이다.

☆☆☆ 27

외래 전염병의 예방대책으로 가장 효과적인 방법은?

① 예방접종
② 환경개선
③ 검역
④ 격리

> 외래 전염병을 차단하는 가장 효과적인 방법은 검역으로, 국경에서 감염원을 차단하여 국내 유입을 막는 것이 중요하다.

☆☆ 28

다음 중 기후의 3대 요소는?

① 기온 - 복사량 - 기류
② 기온 - 기습 - 기류
③ 기온 - 기압 - 복사량
④ 기류 - 기압 - 일조량

> 기후의 3대 요소는 기온, 습도(기습), 바람(기류)이며, 이 세 가지가 인간 건강과 생활환경에 직접적인 영향을 준다.

☆☆☆ 29

시·군·구에 두는 보건행정의 최일선 조직으로 국민건강증진 및 예방 등에 관한 사항을 실시하는 기관은?

① 병·의원
② 보건소
③ 보건진료소
④ 복지관

> 보건소는 지역사회에서 예방접종, 감염병 관리, 모자보건 등 다양한 공중보건사업을 수행하는 최일선 기관이다.

30

대기오염 방지 목표와 연관성이 가장 적은 것은?

① 생태계 파괴 방지
② 경제적 손실 방지
③ 자연환경의 악화 방지
④ 직업병의 발생 방지

대기오염 방지 목표는 생태계 보호, 경제적 손실 방지, 자연환경 보존 등이며, 직업병 발생 방지는 산업위생 분야의 더 직접적인 목표이다.

31

무균실에서 사용되는 기구의 가장 적합한 소독법은?

① 고압증기멸균법   ② 자외선소독법
③ 자비소독법   ④ 소각소독법

무균실 기구는 포자까지 완전히 사멸시킬 수 있는 고압증기멸균법이 가장 적합하다.

32

95%의 에틸알코올 200cc가 있다. 이것을 70% 정도의 에틸알코올로 만들어 소독용으로 사용하고자 할 때 얼마의 물을 더 첨가하면 되는가?

① 약 70cc   ② 약 140cc
③ 약 25cc   ④ 약 50cc

• 첨가할 물의 양 = 최종 희석용액 부피 – 초기 부피
• 초기 에틸알코올 부피 = 95% × 200cc = 190cc
• 최종 희석용액 부피 = 초기 에틸알코올 부피 ÷ 목표 농도
             = 190cc ÷ 0.7 = 271.43cc
• 첨가할 물의 양 = 최종 희석용액 부피 – 초기 부피
             = 271.43–200 = 71.43cc
따라서 가장 근사치인 70cc가 정답이 된다.

33

내열성이 강해서 자비소독으로는 멸균이 되지 않는 것은?

① 이질 아메바 영양형
② 장티푸스균
③ 결핵균
④ 포자형성 세균

포자는 내열성이 강해 자비소독으로는 멸균되지 않는다.

34

다음 중 결핵환자의 객담 소독 시 가장 적당한 것은?

① 매몰법
② 크레졸소독
③ 알코올소독
④ 소각법

결핵환자의 객담은 소각법이 가장 확실한 소독방법이다.

35

미용 용품이나 기구 등을 일차적으로 청결하게 세척하는 것은 다음의 소독방법 중 어디에 해당되는가?

① 여과(Filtration)
② 정균(Microbiostasis)
③ 희석(Dilution)
④ 방부(Antiseptic)

기구를 1차적으로 세척하는 과정은 희석소독에 해당한다.

36

최근에 많이 이용되고 있는 우유의 초고온 순간멸균법으로 140℃에서 가장 적절한 처리시간은?

① 1 ~ 3초
② 30 ~ 60초
③ 1 ~ 3분
④ 5 ~ 6분

UHT(초고온 순간살균)는 140℃에서 1~3초 처리하여 영양소 파괴를 최소화한다.

37

다음 중 이용원, 미용실(또는 피부관리실)의 실내 소독에 가장 적당한 것은?

① 포비돈요오드액
② 크레졸비누액
③ 포르말린
④ 에탄올

미용실·피부관리실 실내 소독에는 크레졸비누액이 적합하다.

38

혈청이나 당 등과 같이 열에 불안정한 액체의 멸균에 주로 이용되는 방법은?

① 습열멸균법
② 간헐멸균법
③ 여과멸균법
④ 초음파멸균법

혈청이나 당액처럼 열에 약한 액체는 여과멸균법을 사용한다.

39

다음 중 미생물의 종류에 해당하지 않는 것은?

① 편모
② 세균
③ 효모
④ 곰팡이

편모는 미생물이 아니라 세균의 부속기관이다.

40

화학적 약제를 사용하여 소독 시 소독약품의 구비 조건으로 옳지 않은 것은?

① 용해성이 낮아야 한다.
② 경제적이고 사용방법이 간편해야 한다.
③ 살균력이 강해야 한다.
④ 부식성과 표백성이 없어야 한다.

소독약은 용해성이 높아야 효과적이다.

41

다음 손톱의 구조 중 손톱의 성장 장소인 것은?

① 조소피
② 조근
③ 조하막
④ 조체

조근은 새로운 세포가 생성되는 성장 부위로, 손톱이 자라나는 원천이며, 뿌리 부분에 위치한다.

★★ 42

피부결이 거칠고 모공이 크며 화장이 쉽게 지워지는 피부타입은?

① 지성
② 민감성
③ 중성
④ 건성

> 지성 피부는 피지 분비가 많아 모공이 크고 피부결이 거칠며, 화장이 쉽게 지워진다. 하지만 수분 손실은 적어 노화가 늦게 오는 장점도 있다.

★★★ 43

다음 중 비타민 A와 깊은 관련이 있는 카로틴을 가장 많이 함유한 식품은?

① 쇠고기, 돼지고기
② 감자, 고구마
③ 귤, 당근
④ 사과, 배

> 카로틴은 비타민 A의 전구체로 피부와 시력 건강에 중요한 역할을 한다. 귤과 당근은 카로틴 함량이 높아 피부 재생과 항산화에 도움을 준다.

★★★ 44

표피 중에서 각화가 완전히 된 세포들로 이루어진 층은?

① 과립층
② 각질층
③ 유극층
④ 투명층

> 각질층은 표피의 가장 바깥층으로, 완전히 각화된 세포로 구성되어 외부 자극으로부터 피부를 보호하는 역할을 한다.

★★ 45

모세혈관의 울혈에 의해 피부가 발적된 상태를 무엇이라 하는가?

① 소수포
② 종양
③ 홍반
④ 자반

> 홍반은 모세혈관의 울혈로 인해 피부가 붉게 되는 현상으로, 염증이나 자극에 의해 발생한다.

★ 46

현대 향수의 시초라고 할 수 있는 헝가리워터(Hungary water)가 개발된 시기는?

① 1770년경
② 970년경
③ 1570년경
④ 1370년경

> 헝가리워터는 1370년경 개발된 향수로, 현대 향수의 시초로 평가된다.

★ 47

다음 중 "블루밍 효과"의 설명으로 가장 적당한 것은?

① 피부색을 고르게 보이도록 하는 것
② 보송보송하고 투명감 있는 피부표현
③ 화운데이션의 색소침착을 방지하는 것
④ 밀착성을 높여 화장의 지속성을 높게 함

> 블루밍 효과는 피부를 보송보송하고 투명하게 표현하는 효과로, 메이크업에서 자연스러운 피부 연출을 위해 사용된다.

★★★ 48

여드름 치유와 잔주름 개선에 널리 사용되는 것은?

① 레틴산(retinoic acid)
② 아스코르빈산(ascorbic acid)
③ 토코페롤(tocopherol)
④ 칼시페롤(calciferol)

> 레틴산은 비타민 A 유도체로, 여드름 치료와 잔주름 개선에 널리 사용되며, 피부 재생을 촉진하는 효과가 있다.

★★ 49

일반 성인을 기준으로한 하루 기초 칼로리는 얼마인가?

① 600~800kcal
② 800~1,000kcal
③ 1,600~1,800kcal
④ 2,000~2,500kcal

> 일반 성인의 기초 칼로리는 약 1,600~1,800kcal로, 생명 유지에 필요한 최소 에너지량이다.

★★★ 50

자외선 차단지수를 나타내는 약어는?

① UVC   ② SPF
③ WHO   ④ FDA

> SPF는 자외선 차단지수를 나타내며, UVB 차단 효과를 수치화한 것으로, 예를 들어 SPF 30은 피부가 붉어지기까지의 시간을 30배 연장시킨다는 뜻이다.

★★ 51

이·미용사의 면허증을 다른 사람에게 대여한 1차 위반 시의 행정처분기준은?

① 영업정지 3월   ② 영업정지 2월
③ 면허정지 3월   ④ 면허정지 2월

> 이·미용사가 면허증을 타인에게 대여한 경우 1차 위반 시 면허정지 3개월, 2차 위반 시 면허정지 6개월, 3차 위반 시 면허취소의 행정처분이 내려진다.

★★★ 52

이·미용업소에서의 면도기 사용에 대한 설명으로 가장 옳은 것은?

① 매 손님마다 소독한 정비용 면도기 교체 사용
② 정비용 면도기를 소독 후 계속 사용
③ 정비용 면도기를 손님 1인에 한하여 사용
④ 1회용 면도날만을 손님 1인에 한하여 사용

> 혈액 매개 감염 예방을 위해 반드시 1회용 면도날을 고객마다 새로 사용해야 하며, 이는 법적으로 강제 규정이다.

★★ 53

공중위생영업자가 풍속 관련 법령 등 다른 법령에 위반하여 관계 행정기관장의 요청이 있을 때 당국이 취할 수 있는 조치사항은?

① 개선명령
② 국가기술자격 취소
③ 일정기간 동안의 업무정지
④ 6월 이내 기간의 영업정지

> 풍속관련 법령 등 다른 법령을 위반하여 관계 행정기관의 장으로부터 그 사실을 통보받은 경우, 시장·군수·구청장은 6월 이내의 기간을 정하여 영업의 정지 또는 일부 시설의 사용중지를 명하거나 영업소폐쇄 등을 명할 수 있다(공중위생관리법 제11조 제1항).

54

★★

영업소 폐쇄명령을 받은 후 폐쇄명령을 받은 영업과 같은 종류의 영업(이·미용)을 할 수 있는 기준사항은?

① 어떠한 경우에도 동일한 장소에서는 같은 영업을 할 수 없다.
② **영업소 폐쇄명령을 받은 후 6월이 지나면 같은 종류의 영업을 할 수 있다.**
③ 영업소 폐쇄명령을 받은 후 3월이 지나면 같은 종류의 영업을 할 수 있다.
④ 영업소 폐쇄명령을 받은 후 1년이 지나야만 같은 종류의 영업을 할 수 있다.

> 영업소 폐쇄명령 후 6개월이 지나면 같은 종류의 영업을 다시 할 수 있다.

55

★★★

이·미용영업소가 영업정지명령을 받고도 계속하여 영업을 한 때의 벌칙사항은?

① **1년 이하의 징역 또는 1천만원 이하의 벌금**
② 3년 이하의 징역 또는 1천만원 이하의 벌금
③ 2년 이하의 징역 또는 5백만원 이하의 벌금
④ 1년 이하의 징역 또는 3백만원 이하의 벌금

> 영업정지명령 또는 일부 시설의 사용중지명령을 받고도 그 기간 중에 영업을 하거나 그 시설을 사용한 자 또는 영업소 폐쇄명령을 받고도 계속하여 영업을 한 자는 1년 이하의 징역 또는 1천만원 이하의 벌금에 처한다(공중위생관리법 제20조 제2항).

56

★★

공중위생영업자가 공중위생관리법상 필요한 보고를 당국에 하지 않았을 때의 법적 조치는?

① 100만원 이하 과태료
② **300만원 이하 과태료**
③ 200만원 이하 과태료
④ 100만원 이하 벌금

> 보고 의무를 이행하지 않으면 300만원 이하의 과태료가 부과된다.

57

★★

이용사 또는 미용사의 면허증을 영업소 안에 게시하여야 하는 의무를 지키지 아니한 자에 대한 법적 조치는?

① 100만원 이하 벌금
② 100만원 이하 과태료
③ **200만원 이하 과태료**
④ 200만원 이하 벌금

> 면허증 게시 의무를 지키지 않으면 200만원 이하의 과태료 처분을 받는다.

58

★

위생서비스평가의 결과에 따른 위생관리등급은 누구에게 통보하고 이를 공표하여야 하는가?

① **해당 공중위생 영업자**
② 시장·군수·구청장
③ 시·도지사
④ 보건소장

> 시장·군수·구청장은 보건복지부령이 정하는 바에 의하여 위생서비스평가의 결과에 따른 위생관리등급을 해당 공중위생영업자에게 통보하고 이를 공표하여야 한다(공중위생관리법 제14조 제1항).

⭐ 59

보건복지부령이 정하는 위생교육을 반드시 받아야 하는 자에 해당되지 않는 것은?

① 공중위생관리법에 의한 명령에 위반한 영업소의 영업주
② 공중위생영업의 신고를 하고자 하는 자
③ **공중위생영업소에 종사하는 자**
④ 공중위생영업을 승계한 자

> 종사자는 의무교육 대상이 아니며, 영업주나 승계자가 교육 대상이다.

⭐⭐ 60

이·미용 영업자는 과징금 처분의 통지를 받은 날부터 며칠 이내에 과징금을 납부해야 하는가?

① 20일   ② 15일
③ 10일   ④ 7일

> 과징금 처분 통지를 받은 날로부터 20일 이내에 과징금을 납부해야 한다.

Chapter 08

제8회 CBT 기출복원문제

01

★

서구 미용역사에 있어 높은 트레머리로 생화, 깃털, 보석장식과 모형선까지 얹어 머리형태가 사치스러웠던 시대는?

① 로코코시대
② 1920 ~ 1930년대
③ 프랑스혁명기
④ 르네상스시대

> 로코코시대는 머리를 높게 올리고 생화·깃털·보석 등 화려한 장식을 사용한 사치스러운 헤어스타일이 특징이다.

02

★★

마셀 웨이브의 시술 시 손에 쥔 아이론을 여닫을 때 어떤 손가락으로 작동하는가?

① 엄지와 약지
② 검지와 약지
③ 중지와 약지
④ 소지와 약지

> 마셀 아이론은 약지와 소지를 이용해 아이론을 열고 닫으며 섬세한 웨이브를 형성한다.

03

★★★

퍼머넌트 웨이브 시술 중 테스트 컬(test curl)을 하는 목적으로 가장 적합한 것은?

① 2액의 작용 여부를 확인하기 위해서이다.
② 굵은 모발, 혹은 가는 모발에 로드가 제대로 선택되었나 확인하기 위해서이다.
③ 산화제의 작용이 미묘하기 때문에 확인한다.
④ 정확한 프로세싱 시간을 결정하고 웨이브 형성 정도를 조사하기 위해서이다.

> 테스트 컬은 퍼머 시술 중 적정 작용 시간을 판단하고, 웨이브 형성 정도를 확인하기 위한 과정이다.

04

★

미용기술을 행할 때 올바른 작업 자세를 설명한 것 중 잘못된 것은?

① 항상 안정된 자세를 취할 것
② 적정한 힘을 배분하여 시술할 것
③ 작업 대상의 위치는 심장의 높이보다 낮게 할 것
④ 작업 대상과 눈과의 거리는 약 30cm를 유지할 것

> 작업 대상이 너무 낮으면 시술자의 자세가 불안정해지고 피로가 증가한다.

★★★ 05

고주파 전류 중 미안용 시술에 주로 사용되는 것은?

① 오당 전류
② **테슬러 전류**
③ 달손발 전류
④ 네슬러 전류

> 테슬러 전류는 고주파 전류로 살균과 혈액순환 촉진 등 미안용
> 시술에 사용된다.

★ 06

팩 미안술에 맞지 않는 것은?

① 잡티제거
② **피부를 누르거나 밀어주는 것**
③ 영양분이 피부에 침투, 흡수
④ 생리기능을 높혀 피부를 부드럽게 한다.

> 팩은 피부에 밀착시켜 흡수시키는 과정이며, 압박이나 마사지
> 동작은 포함되지 않는다.

★★★ 07

화운데이션 선택 시 가장 알맞은 것은?

① 자신의 피부색보다 짙은 색을 선택한다.
② 자신의 피부색보다 하얀색을 선택한다.
③ **자신의 피부색과 유사하거나 동일한 색상을 선택한다.**
④ 자신의 피부색과는 관계없이 좋아하는 색상을 선택한다.

> 파운데이션은 피부 톤과 동일하거나 유사한 색을 선택해야 자연
> 스럽다.

★ 08

다음 중 전문 미용인의 기본 소양으로 바르지 않은 것은?

① 건강한 삶의 방식을 가지고 있어야 한다.
② **미용의 단순한 테크닉을 습득하여 행한다.**
③ 각기 다른 고객의 개성을 최대한 살려줄 수 있도록 한다.
④ 미용인으로서 항상 정돈되고 매력 있는 자신의 모습을 가꾼다.

> 전문 미용인은 기술뿐 아니라 위생·태도·고객 이해 능력 등
> 을 갖추어야 한다.

★★ 09

스타일(Style)형이 완성되었을 때 두발 선을 최종적으로 정돈하기 위하여 가볍게 커트하는 방법은?

① **트리밍 커트(Trimming cut)**
② 틴닝 커트(Thinning cut)
③ 스트로크 커트(Stroke cut)
④ 테이퍼 커트(Taper cut)

> 트리밍은 스타일 완성 후 선을 정돈하는 마무리 커트이다.

★ 10

클록 와이즈 와인드 컬(clock wise wind curl)을 가장 바르게 말한 것은?

① **모발이 시계 바늘 방향인 오른쪽 방향으로 되어진 컬**
② 모발이 두피에 대해 세워진 컬
③ 모발이 두피에 대해 시계가 가는 반대방향으로 되어진 컬
④ 모발이 두피에 대해 평평한 컬

> 클록와이즈 컬은 시계 방향, 즉 오른쪽 방향으로 형성된 컬이다.

11

두발의 모표피에 지방분이 많고 수분을 밀어내는 성질을 지닌 지방과다모에 해당하는 것은?

① 발수성모
② 다공성모
③ 정상모
④ 저항성모

> 발수성모는 유분이 많아 수분 흡수가 어려운 모발이다.

12

다음 중 산성 린스가 아닌 것은?

① 레몬 린스(lemon rinse)
② 비니거 린스(vinegar rinse)
③ 오일 린스(oil rinse)
④ 구연산 린스(citric acid rinse)

> 산성 린스는 레몬 린스·식초 린스·구연산 린스 등이 있으며, 오일 린스는 산성 린스가 아니다.

13

콜드 퍼머넌트 웨이빙에서 환원제로 주로 사용되는 것은?

① 과산화수소
② 취소산나트륨
③ 티오글리콜산염
④ 브롬산칼륨

> 티오글리콜산염은 콜드 퍼머 1액 환원제로 시스틴 결합을 환원시켜 웨이브를 형성한다.

14

조선시대의 신부화장술을 설명한 것 중 틀린 것은?

① 밑화장으로 동백기름을 발랐다.
② 분화장을 했다.
③ 눈썹은 실로 밀어낸 후 따로 그렸다.
④ 연지는 뺨 쪽에, 곤지는 이마에 찍었다.

> 조선시대 신부 밑화장은 동백기름이 아니라 참기름, 들기름 종류 사용이 일반적이었다.

15

다음 모발에 관한 설명으로 틀린 것은?

① 모근부와 모간부로 구성되어 있다.
② 하루 약 0.2 ~ 0.5mm 자란다.
③ 모발의 수명은 보통 3 ~ 6년이다.
④ 모발은 퇴행기 → 성장기 → 탈락기 → 휴지기의 성장단계를 갖는다.

> 모발 생장 주기는 '성장기 → 퇴행기 → 휴지기 → 탈락기' 순이다.

16

린스의 역할이 아닌 것은?

① 샴푸닝 후 모발에 남아 있는 금속성 피막과 비누의 불용성 알카리 성분을 제거시킨다.
② 모발이 엉키는 것을 막아준다.
③ 모발에 윤기를 더해준다.
④ 유분이나 모발 보호제가 모발에 끈적임을 준다.

> 린스는 엉킴 방지와 윤기 부여가 목적이며, 끈적임을 주는 제품이 아니다.

17

헤어세팅의 컬에 있어 루프가 두피에 45도 각도로 세워진 컬은?

① 플래트 컬
② 스컬프처 컬
③ 메이폴 컬
④ **리프트 컬**

> 루프가 두피에서 45도 각도로 세워진 컬을 리프트 컬이라 한다.

18

미안용 적외선 등의 효과에 관한 설명으로 틀린 것은?

① 피부에 온열자극을 준다.
② 혈액순환을 촉진시킨다.
③ 팩 재료의 건조를 촉진시킨다.
④ **에르고스테린을 비타민 D로 환원시킨다.**

> 비타민 D 전환은 자외선 작용이며, 적외선은 온열효과가 주 기능이다.

19

위, 아래 입술 중 어느 하나가 얇은 경우의 화장법으로 가장 적당한 것은?

① 외각을 실제 입술선보다 작게 그리고, 바깥쪽은 문을 발라 삼춰준다.
② 윗입술의 외곽 전체를 꽉 차게 그리고 아래 입술도 여기에 비례해서 크게 그린다.
③ **얇은 입술을 두꺼운 쪽에 맞춰서 위, 아래의 균형을 유지하도록 한다.**
④ 구각을 좌우로 늘이도록 한다.

> 입술은 상·하 균형을 맞추는 보정이 원칙이다.

20

레이저(razor)를 사용하여 커트하는 방법으로 가장 적당한 것은?

① **물로 두발을 적신 다음에 테이퍼링(tapering)한다.**
② 스트로크 커트를 하면서 슬리더링을 행하면 좋다.
③ 틴닝하면서 클럽(club) 커팅을 하고 다음에 트리밍(trimming)을 행한다.
④ 드라이 커팅(dry cutting)하는 것이 좋다.

> 레이저 커트는 젖은 상태에서 모발을 얇게 처리하는 것이 적합하다.

21

발생 즉시 환자의 격리가 필요한 제1군에 해당하는 법정 전염병은?

① 황열
② **페스트**
③ 폴리오
④ B형 간염

> 페스트는 감염 즉시 격리가 필요한 제1군 전염병에 해당하며, 치명률이 높고 전파력이 강하다.

22

다음 중 파리가 옮기지 않는 병은?

① 장티푸스
② 이질
③ 콜레라
④ **유행성출혈열**

> 파리는 장티푸스·이질·콜레라 등 수인성 감염병을 매개할 수 있으나, 유행성출혈열은 설치류의 매개 질환이다.

23

해충구제의 가장 근본적인 방법은 무엇인가?

① 발생원인 제거
② 유충구제
③ 방충망 설치
④ 성충구제

> 해충구제의 기본 원칙은 서식 환경 제거, 위생관리 등 발생 원인을 차단하는 것이다.

24

다이옥신에 대한 설명 중 틀린 것은?

① 열에 안정성이 큰 물질이다.
② 동식물의 생식을 교란시킨다.
③ 자연 상태에서 분해가 쉽게 일어난다.
④ 휘발성이 낮고 발암성 물질이다.

> 다이옥신은 잔류성이 매우 강한 환경오염물질로 자연 분해가 어렵고 생체 축적성이 있다.

25

지역사회의 보건수준을 비교할 때 쓰여지는 지표가 아닌 것은?

① 영아사망률
② 평균수명
③ 일반사망률
④ 국세조사

> 영아사망률·평균수명 등은 보건수준 지표이나 국세조사는 인구통계 조사로 보건지표가 아니다.

26

기생충 중 집단감염이 잘되기 쉬우며 예방법으로 식사 전 손씻기, 인체항문 주위의 청결유지 등을 필요로 하는 것에 해당되는 기생충은?

① 회충
② 십이지장충
③ 요충
④ 촌충

> 요충은 항문 주위 산란으로 손을 통해 집단감염이 잘 발생하므로, 손씻기 위생이 중요하다.

27

산업재해 방지를 위한 산업장 안전관리대책으로 짝지워진 것은?

> ㄱ. 정기적인 예방접종
> ㄴ. 작업환경 개선
> ㄷ. 보호구 착용 금지
> ㄹ. 재해방지 목표설정

① ㄱ. ㄴ. ㄷ
② ㄱ. ㄷ
③ ㄴ. ㄹ
④ ㄱ. ㄴ. ㄷ. ㄹ

> 산업안전 대책은 보호구 착용, 기계 안전장치 등 직접적 예방조치가 핵심이다.

★★★
28

다음 중 음용수의 일반적인 오염지표로 삼는 것은?

① 탁도
② 일반세균수
③ **대장균수**
④ 경도

> 대장균은 분변오염의 지표균으로 음용수 오염 판단의 대표적인 지표이다.

★★
29

주택의 자연조명을 위한 이상적인 주택의 방향과 창의 면적은?

① **남향, 바닥면적의 1/7~1/5**
② 남향, 바닥면적의 1/5~1/2
③ 동향, 바닥면적의 1/10~1/7
④ 동향, 바닥면적의 1/5~1/2

> 남향은 일조량이 풍부하며, 창 면적은 바닥면적 대비 약 15~20%가 적정하다.

★
30

대기오염물질 중 그 종류기 다른 하나는?

① 황산화물(SOx)
② 일산화탄소(CO)
③ **오존(O₃)**
④ 질소산화물(NOx)

> 오존은 2차 생성 오염물질로 광화학 스모그의 원인이 되며, 황산화물(SOx)·질소산화물(NOx)과 성격이 다르다.

★★★
31

알코올 소독의 미생물 세포에 대한 주된 작용기전은?

① 할로겐 복합물 형성
② **단백질 변성**
③ 효소의 완전 파괴
④ 균체의 완전 용해

> 알코올은 세포 단백질을 변성시켜 세균을 사멸시킨다(70% 농도에서 효과적).

★★
32

살균작용이 가장 강한 것은?

① **멸균**
② 소독
③ 방부
④ 모두 동일하다.

> 멸균은 모든 미생물과 포자까지 완전 제거하는 가장 강한 단계이다.

★★
33

3% 크레졸비누액 1,000ml를 만드는 방법으로 옳은 것은? (단, 크레졸 원액의 농두는 100%이다)

① 크레졸원액 300ml에 물 700ml를 가한다.
② **크레졸원액 30ml에 물 970ml를 가한다.**
③ 크레졸원액 3ml에 물 997ml를 가한다.
④ 크레졸원액 3ml에 물 1,000ml를 가한다.

> 3% 용액은 전체 1,000ml 중 30ml가 원액이어야 한다. 따라서 크레졸원액 30ml에 물 970ml를 가해야 한다.

34

고압증기멸균법의 대상물로 가장 부적당한 것은?

① 의료기구
② 의류
③ 고무제품
④ 음용수

> 고압증기멸균은 의료기구·의류 등에 사용하며, 음용수 멸균 방식은 아니다.

35

결핵환자의 객담 처리방법 중 가장 효과적인 것은?

① 소각법
② 알코올소독
③ 크레졸소독
④ 매몰법

> 결핵균은 내성이 강하므로 객담은 소각 처리하는 것이 가장 확실하다.

36

다음 중 물리적 소독법으로 사용하는 것이 아닌 것은?

① 알코올
② 초음파
③ 일광
④ 자외선

> 알코올은 화학적 소독제이며, 일광·자외선·초음파는 물리적 소독 방법이다.

37

크레졸로 미용사의 손 소독을 할 때 가장 적합한 농도는?

① 1%
② 2%
③ 3%
④ 5%

> 손 소독 시에는 피부 자극을 고려하여 저농도(1%) 사용이 적절하다.

38

승홍에 관한 설명이 틀린 것은?

① 액 온도가 높을수록 살균력이 강하다.
② 금속 부식성이 있다.
③ 0.1% 수용액을 사용한다.
④ 상처 소독에 적당한 소독약이다.

> 승홍은 독성과 부식성이 있어 상처 소독에 부적합하다.

39

다음 중 여드름 짜는 기계를 소독하지 않고 사용했을 때 감염 위험이 가장 큰 질환은?

① 후천성면역결핍증
② 결핵
③ 장티푸스
④ 이질

> 후천성면역결핍증은 오염된 기구를 통한 혈액 매개 감염 위험이 가장 큰 질환이다.

40

미생물의 종류에 해당하지 않는 것은?

① **벼룩**
② 효모
③ 곰팡이
④ 세균

> 벼룩은 곤충으로 세균, 효모, 곰팡이와 같은 미생물이 아니다.

41

발 건강을 위한 발 마사지의 효과가 아닌 것은?

① 긴장을 이완시킨다.
② 혈액순환과 림프순환을 촉진시킨다.
③ **피부표면의 더러움을 제거시켜 준다.**
④ 피부의 온도를 높여 주고 피로를 회복시켜 준다.

> 발 마사지는 혈행 촉진과 이완 효과가 목적이며, 세정 기능은 아니다.

42

모발을 구성하고 있는 케라틴(Keratin) 중에 제일 많이 함유하고 있는 아미노산은?

① 알라닌
② 로이신
③ 바린
④ **시스틴**

> 케라틴은 시스틴 함량이 높으며, 이황화결합이 모발 강도를 결정한다.

43

각탕기에 첨가제(Foot Bath) 사용법 중 가장 거리가 먼 것은?

① 살균 소독
② 피로회복
③ 냄새 제거
④ **향기롭게 하기 위하여**

> 각탕기 첨가제는 살균과 피로회복 목적이며, 향기 자체가 주 목적은 아니다.

44

피부 보호 작용을 하는 것이 아닌 것은?

① 표피각질층
② 교원섬유
③ **평활근**
④ 피하지방

> 피부 보호 기능은 각질층, 교원섬유, 피하지방이 담당한다.

45

여드름 치료에 있어 일상생활에서 주의해야 할 사항에 해당되지 않는 것은?

① 적당하게 일광을 쪼여야 한다.
② 과로를 피한다.
③ **비타민 B2가 많이 함유된 음식을 먹지 않도록 한다.**
④ 배변이 잘 이루어지도록 한다.

> 비타민 B2는 피부 대사에 도움을 주므로 제한 대상이 아니다.

46

박하(peppermint)에 함유된 시원한 느낌의 혈액순환 촉진 성분은?

① 자이리톨(xylitol)
② **멘톨(menthol)**
③ 알코올(alcohol)
④ 마조람 오일(majoram oil)

멘톨은 청량감과 혈액순환 촉진 작용을 한다.

47

수용성 비타민의 명칭이 잘못된 것은?

① Vitamin B1 → 티아민(Thiamine)
② Vitamin B6 → 피리독신(Pyridoxine)
③ **Vitamin B12 → 나이아신(Niacin)**
④ Vitamin B2 → 리보플라빈(Riboflavin)

B12는 코발아민이며, 나이아신은 비타민 B3이다.

48

향료 사용의 설명으로 옳지 않은 것은?

① 향 발산을 목적으로 맥박이 뛰는 손목이나 목에 분사한다.
② 자외선에 반응하여 피부에 광알레르기를 유발시킬 수도 있다.
③ **색소 침착된 피부에 향료를 분사하고 자외선을 받으면 색소침착이 완화된다.**
④ 향수사용 시 시간이 지나면서 향의 농도가 변하는데 그것은 조합향료 때문이다.

향료는 자외선과 반응하여 광알레르기 및 색소침착을 악화시킬 수 있다.

49

자각증상으로서 피부를 긁거나 문지르고 싶은 충동에 의한 가려움증은?

① **소양감**
② 작열감
③ 촉감
④ 의주감

소양감은 긁고 싶은 충동을 유발하는 가려움 증상이다.

50

모발의 성분은 주로 무엇으로 이루어졌는가?

① 탄수화물
② 지방
③ **단백질**
④ 칼슘

모발은 케라틴 단백질로 구성되어 있다.

51

미용업자가 위생관리 의무 규정을 위반하였을 때 취할 수 있는 것은?

① **개선**
② 청문
③ 감시
④ 교육

위생관리 의무 위반 시 행정청은 개선명령을 할 수 있다.

★★★ 52

다음 중 이·미용사 면허를 받을 수 없는 환자에 속하는 질병은?

① 비전염성 결핵
② 마약 중독자
③ 비전염성 피부질환
④ A형간염

마약 기타 대통령령으로 정하는 약물(대마, 향정신성 의약품) 중독자와 결핵 환자(비감염성 제외)는 이용사 또는 미용사 면허를 받을 수 없다.

★ 53

영업허가 취소 또는 영업장 폐쇄명령을 받고도 계속하여 이·미용 영업을 하는 경우에 시장·군수·구청장이 취할 수 있는 조치가 아닌 것은?

① 해당 영업소의 간판 기타 영업표지물의 제거 및 삭제
② 해당 영업소의 위법한 것임을 알리는 게시물 등의 부착
③ 영업을 위하여 필수불가결한 기구 또는 시설물 봉인
④ 해당 영업소의 업주에 대한 손해배상 청구

행정청은 시설물 봉인, 게시물 부착, 표지 제거 등은 가능하나 손해배상 청구는 행정처분이 아니다.

★★★ 54

폐쇄명령을 받은 이용업소 또는 미용업소는 몇 개월이 지나야 동일 장소에서 동일 영업을 할 수 있는가?

① 3개월
② 6개월
③ 9개월
④ 12개월

폐쇄명령 후 6개월이 지나야 동일 장소에서 동일 영업이 가능하다.

★★ 55

이·미용사 면허증을 분실하였을 때 누구에게 재교부 신청을 하여야 하는가?

① 보건복지부장관
② 시·도지사
③ 시장·군수·구청장
④ 협회장

면허증 재교부 신청은 면허권자인 시장·군수·구청장에게 한다.

★★★ 56

미용사의 업무가 아닌 것은?

① 퍼머
② 면도
③ 머리카락 모양내기
④ 손톱의 손질 및 화장

면도는 이용사의 업무이며, 미용사의 업무에 해당하지 않는다.

★★ 57

신고를 하지 아니하고 영업소의 소재를 변경한 때 1차 위반 시 행정처분기준은?

① 영업정지 1월
② 영업정지 2월
③ 영업정지 3월
④ 영업정지 6월

신고를 하지 않고 영업소의 소재지를 변경한 경우 1차 위반 시 영업정지 1개월의 행정처분을 받는다.

★ 58

이·미용업 영업자가 1회용 면도날을 2인 이상의 손님에게 사용한 경우에 대한 1차 행정처분기준은?

① 경고
② 영업정지 5일
③ 영업정지 10일
④ 영업장 패쇄명령

소독한 기구와 소독을 하지 않은 기구를 각각 다른 용기에 넣어 보관하지 않거나 1회용 면도날을 2인 이상의 손님에게 사용한 경우 1차 경고, 2차 영업정지 5일, 3차 영업정지 10일, 4차 이상 영업장 폐쇄명령의 행정처분이 내려진다(공중위생관리법 시행규칙 [별표 7]).

★★ 59

위생교육을 실시하는 자는?

① 보건복지부장관
② 시·도지사
③ 시장, 군수, 구청장
④ 영업소 대표

이·미용업 영업자에 대한 위생교육은 관할 행정청인 시장·군수·구청장이 실시한다. 다만, 실제 교육 운영은 관련 협회나 전문기관에 위탁할 수 있으나, 법적 시행 주체(권한자)는 시장·군수·구청장이다.

★★★ 60

다음 중 이용사 또는 미용사의 면허를 받을 수 있는 경우는?

① 피성년후견인
② 벌금형이 선고된 자
③ 정신질환자
④ 마약 중독자

벌금형 선고만으로는 면허 취득 제한 사유가 되지 않는다.

PART

03

파이널 CBT
실전모의고사

파이널 CBT 실전모의고사 1회

자격종목	시험시간	문항수	점수
미용사(일반) 필기	60분	60문항	

답안표기란

01	①	②	③	④
02	①	②	③	④
03	①	②	③	④
04	①	②	③	④
05	①	②	③	④
06	①	②	③	④

01 개체변발의 설명으로 틀린 것은?

① 고려시대에 한동안 일부 계층에서 유행했던 남성의 머리모양이다.
② 남성의 머리카락을 끌어올려 정수리에서 틀어 감아 맨 모양이다.
③ 머리 변두리의 머리카락을 삭발하고 정수리 부분만 남기어 땋아 늘어뜨린 형이다.
④ 몽고의 풍습에서 전래되었다.

02 두발상태가 건조하며 길이로 가늘게 갈라지듯 부서지는 증세는?

① 원형탈모증
② 결발성 탈모증
③ 비강성 탈모증
④ 결절 염모증

03 레이저(Razor)로 테이퍼링(tapering)할 때 스트랜드의 뿌리에서 약 어느 정도 떨어져서 행해야 가장 좋은가?

① 약 1cm
② 약 2cm
③ 약 2.5~5cm
④ 약 5cm 이상

04 털의 움직임(무브먼트) 중 컬이 오래 지속되며 움직임이 가장 작은 기본적인 스템은?

① 풀스템
② 하프스템
③ 논스템
④ 업스템

05 퍼머넌트 웨이브의 사용방법에 따른 분류 중 시스테인(CYSTEINE) 퍼머넌트 웨이브제에 관한 설명인 것은?

① 알칼리에서 강한 환원력을 가지고 있어 건강모발에 효과적이다.
② 모발의 아미노산 성분과 동일한 것으로 손상모발에 효과적이다.
③ 환원제로 티오글리콜산을 이용하는 퍼머넌트제이다.
④ 암모니아수 등의 알칼리제를 사용하는 대신 계면활성제를 첨가한 제제이다.

06 아이론을 발명하여 헤어스타일의 대혁명을 일으킨 사람은?

① 독일의 찰스네슬러
② 독일의 조셉 메이어
③ 프랑스의 마셀 그라또
④ 영국의 스피크먼

07 다음 글의 (   ) 안에 들어갈 수 없는 것은?

> 위그를 커트할 때 수분을 적시고 블로킹을 구분하여 슬라이스를 뜨고 (   )을(를) 잡고 자른다.

① 스트랜드
② 패널
③ 머릿단
④ 스캘프

08 다음 중 클럽 커트(Club cut)와 같은 것은?

① 싱글링(Shingling)
② 트리밍(Trimming)
③ 클리핑(Clipping)
④ 블런트 커트(blunt cut)

09 두부의 라인 중 이어 포인트에서 네이프사이드 포인트를 연결한 선을 무엇이라 하는가?

① 목뒤선   ② 목옆선
③ 측두선   ④ 측중선

10 산성 린스의 사용에 관한 설명 중 틀린 것은?

① 살균작용이 있으므로 많이 사용하는 것이 좋다.
② 남아있는 퍼머넌트 약액을 제거할 수 있게 한다.
③ 금속성 피막을 제거해 준다.
④ 비누 샴푸제의 불용성 알칼리 성분을 제거해 준다.

11 다음 중 산성 린스의 종류가 아닌 것은?

① 레몬 린스(lemon rinse)
② 비니거 린스(vinegar rinse)
③ 오일 린스(oil rinse)
④ 구연산 린스(citric acid rinse)

12 얼굴마사지 시 손가락의 바닥면을 사용해서 재빨리 연속해서 가볍게 실시하는 고타법에 해당하는 것은?

① 태핑(tapping)
② 해킹(hacking)
③ 슬래핑(slapping)
④ 커핑(cupping)

13 헤어 컨디셔너제의 기능에 해당하지 않는 것은?

① 두발을 유연하게 해준다.
② 두발에 윤기와 광택을 준다.
③ 두발과 두피의 더러움을 제거한다.
④ 두발의 빗질을 용이하게 해준다.

14 마셀 웨이브에서 안말음(in-curl)형 작업을 행할 때 아이론의 방향을 어느 방향으로 잡고 해야 되는가?

① 그루브는 위쪽, 로드는 아래 방향
② 로드는 위쪽 그루브는 아래 방향
③ 어느 방향이든 상관없다
④ 그루브(grove)나 로드(rod)를 번갈아 사용한다.

답안표기란				
07	①	②	③	④
08	①	②	③	④
09	①	②	③	④
10	①	②	③	④
11	①	②	③	④
12	①	②	③	④
13	①	②	③	④
14	①	②	③	④

15 다음 중 피부에 강한 긴장력을 주어 잔주름을 없애는 데 가장 효과가 있는 팩은?

① 우유팩(milk pack)
② 오일팩(oil pack)
③ 계란팩(egg pack)
④ 파라핀팩(paraffin pack)

16 SPF란 무엇을 뜻하는가?

① 자외선의 선탠지수
② 자외선이 우리 몸에 들어오는 지수
③ 자외선이 우리 몸에 머무는 지수
④ 자외선 차단지수

17 의조(artificial nail)를 하는 경우로 틀린 것은?

① 손톱이 보기 흉할 때
② 다쳤을 때
③ 손톱을 소독할 때
④ 떨어져 나갔을 때

18 엉킨 두발을 빗으려 할 때 어디에서부터 시작하는 것이 가장 좋은가?

① 두발 끝에서부터
② 두피에서부터
③ 두발 중간에서부터
④ 아무데서나 상관없다.

19 주근깨가 가장 많은 얼굴의 화장법으로 옳지 않은 것은?

① 밝은 계열의 백분을 두껍게 발라준다.
② 입술과 눈을 강조한다.
③ 볼연지는 암색계를 사용한다.
④ 밝은 색상의 립스틱으로 시선을 옮겨준다.

20 지성 피부, 주름진 피부, 비듬성 피부에 가장 좋은 광선은?

① 가시광선   ② 적외선
③ 자외선   ④ 감마선

21 지역사회의 보건수준을 평가하는 가장 대표적인 지표는?

① 일반 사망률
② 영아사망률
③ 인구증가율
④ 인구당 의사수

22 다음 중 공중보건사업에 속하지 않는 것은?

① 건강한 환자 치료
② 예방접종
③ 보건교육
④ 전염병관리

23 감자에 함유되어 있는 독소는?

① 에르고톡신
② 솔라닌
③ 무스카린
④ 베네루핀

24 피임의 이상적 요건 중 틀린 것은?

① 피임효과가 확실하여 더 이상 임신이 되어서는 안 된다.
② 육체적·정신적으로 무해하고 부부 생활에 지장을 주어서는 안 된다.
③ 비용이 적게 들어야 하고, 구입이 불편해서는 안 된다.
④ 실시방법이 간편하여야 하고, 부자연스러우면 안 된다.

답안표기란

15	①	②	③	④
16	①	②	③	④
17	①	②	③	④
18	①	②	③	④
19	①	②	③	④
20	①	②	③	④
21	①	②	③	④
22	①	②	③	④
23	①	②	③	④
24	①	②	③	④

25 다음중 방사선에 관련된 직업에 의해 발생할 수 있는 것이 아닌 것은?

① 조혈지능장애
② 백혈병
③ 생식기능장애
④ 잠함병

26 다음 중 하수에서 용존산소(DO)가 아주 낮다는 의미에 적합한 것은?

① 수생식물이 잘 자랄 수 있는 물의 환경이다.
② 물고기가 잘 살 수 있는 물의 환경이다.
③ 물의 오염도가 높다는 의미이다.
④ 하수의 BOD가 낮은 것과 같은 의미이다.

27 잉어, 참붕어, 피라미 등의 민물고기를 생식하였을 때 감염될 수 있는 것은?

① 간흡충증
② 구충증
③ 유구조충증
④ 말레이사상충증

28 바퀴벌레에 의해 전파될 수 있는 전염병에 속하지 않는 것은?

① 이질
② 말라리아
③ 콜레라
④ 장티푸스

29 실내외의 온도차는 몇 도가 가장 적합한가?

① 1 ~ 3℃   ② 5 ~ 7℃
③ 8 ~ 12℃   ④ 12℃ 이상

30 다음 중 전염병 관리상 가장 중요하게 취급해야 할 대상자는?

① 건강보균자
② 잠복기환자
③ 현성환자
④ 회복기보균자

31 포르말린 소독법 중 올바른 설명은?

① 온도가 낮을수록 소독력이 강하다.
② 온도가 높을수록 소독력이 강하다.
③ 온도가 높고 낮음에 관계없다.
④ 포르말린은 가스 상으로는 작용하지 않는다.

32 다음 중 소독에 영향을 가장 적게 미치는 인자는?

① 온도
② 대기압
③ 수분
④ 시간

33 다음 중 크레졸의 설명으로 틀린 것은?

① 3%의 수용액을 주로 사용한다.
② 석탄산에 비해 2배의 소독력이 있다.
③ 손, 오물 등의 소독에 사용된다.
④ 물에 잘 녹는다.

34 다음 중 세균이 가장 잘 자라는 최적 수소이온(pH) 농도에 해당되는 것은?

① 강산성
② 약산성
③ 중성
④ 강알칼리성

답안표기란				
25	①	②	③	④
26	①	②	③	④
27	①	②	③	④
28	①	②	③	④
29	①	②	③	④
30	①	②	③	④
31	①	②	③	④
32	①	②	③	④
33	①	②	③	④
34	①	②	③	④

35 초음파살균이 가장 효과적인 미생물은?

① 나선균
② 파상풍균
③ 그람양성세균
④ 쌍구균

36 내열성이 강해서 자비소독으로는 멸균이 되지 않는 것은?

① 장티푸스균
② 결핵균
③ 아포형성균
④ 쌍구균

37 다음 중 열에 대한 저항력이 커서 자비소독으로는 멸균이 되지 않는 것은?

① 장티푸스균
② 결핵균
③ 살모넬라균
④ B형간염 바이러스

38 다음 중 소독방법과 소독대상이 바르게 연결된 것은?

① 화염멸균법 - 의류나 타올
② 자비소독법 - 아마인유
③ 고압증기멸균법 - 예리한 칼날
④ 건열멸균법 - 바세린(vaseline) 및 파우더

39 살균력은 강하지만 자극성과 부식성이 강해서 상수 또는 하수의 소독에 주로 이용되는 것은?

① 알콜   ② 질산은
③ 승홍   ④ 염소

40 파스퇴르가 발명한 살균방법은?

① 저온살균법
② 증기살균법
③ 여과살균법
④ 자외선살균법

41 여드름관리에 사용되는 화장품의 올바른 기능은?

① 피지증가 유도효과
② 수렴작용 효과
③ 박테리아 증식효과
④ 각질의 증가효과

42 다음의 피부 구조 중 진피에 속하는 것은?

① 망상층
② 기저층
③ 유극층
④ 과립층

43 피부의 표면에 희로애락의 감정이 민감하게 반영되는 작용은?

① 표정작용   ② 지각작용
③ 보호작용   ④ 호흡작용

44 "블루밍 효과"의 설명으로 가장 적합한 것은?

① 파운데이션의 색소 침착을 방지하는 것
② 보송보송하고 화사하게 피부를 표현하는 것
③ 밀착성을 높여 화장의 지속성을 높게 하는 것
④ 피부색을 고르게 보이도록 하는 것

답안표기란				
35	①	②	③	④
36	①	②	③	④
37	①	②	③	④
38	①	②	③	④
39	①	②	③	④
40	①	②	③	④
41	①	②	③	④
42	①	②	③	④
43	①	②	③	④
44	①	②	③	④

45 피부질환의 증상에 대한 설명 중 맞는 것은?

① 수족구염: 홍반성 결절이 하지부 부분에 여러 개 나타나며 손으로 누르면 통증을 느낀다.
② 지루피부염: 기름기가 있는 인설(비듬)이 특징이며 호전과 악화를 되풀이하고 약간의 가려움증이 동반한다.
③ 무좀: 홍반에서부터 시작되며 수 시간 후에는 구진이 발생된다.
④ 여드름: 구강 내 병변으로 동그란 홍반에 둘러싸여 작은 수포가 나타난다.

46 다음 중 비타민 C를 가장 많이 함유한 식품은?

① 레몬
② 당근
③ 고추
④ 쇠고기

47 자각증상으로서 피부를 긁거나 문지르고 싶은 충동에 의한 가려움증은?

① 소양감
② 작열감
③ 측감
④ 의주감

48 콜라겐과 엘라스틴이 주성분으로 이루어진 피부조직은?

① 표피상층
② 표피하층
③ 진피조직
④ 피하조직

49 피부상태를 측정 분석하는 기구로 그 양상이 색깔로 나타나는 피부미용기기는?

① 스팀기
② 석션기(진공흡입기)
③ 우드램프
④ 확대경

50 다음 중 수용성 비타민은?

① 비타민 B 복합체
② 비타민 A
③ 비타민 D
④ 비타민 K

51 이용사 또는 미용사의 업무 등에 대한 설명 중 맞는 것은?

① 이용사 또는 미용사의 업무범위는 보건복지부령으로 정하고 있다.
② 이용 또는 미용의 업무는 영업소 이외 장소에서도 보편적으로 행할 수 있다.
③ 미용사의 업무법위는 파마, 아이론, 면도, 머리피부 손질, 피부미용 등이 포함된다.
④ 이용사 또는 미용사의 면허를 받은 자가 아닌 경우, 일정기간의 수련과정을 마쳐야만 이용 또는 미용업무에 종사할 수 있다.

52 변경신고를 하지 아니하고 이·미용영업소의 소재지를 변경한 때의 1차 위반 행정처분기준은?

① 영업정지 1월
② 경고 또는 개선명령
③ 영업정지 2월
④ 영업장 폐쇄명령

답안표기란				
45	①	②	③	④
46	①	②	③	④
47	①	②	③	④
48	①	②	③	④
49	①	②	③	④
50	①	②	③	④
51	①	②	③	④
52	①	②	③	④

53 공중위생관리법에서 공중위생영업이란 다수인을 대상으로 무엇을 제공하는 영업으로 정의되고 있는가?

① 위생관리서비스
② 위생서비스
③ 위생안전서비스
④ 공중위생서비스

54 다음 중 이·미용사 면허를 받을 수 있는 자가 아닌 것은?

① 고등학교에서 이용 또는 미용에 관한 학과를 졸업한 자
② 국가기술자격법에 의한 이용사 또는 미용사 자격을 취득한자
③ 보건복지부장관이 인정하는 외국의 이용사 또는 미용사 자격 소지자
④ 전문대학에서 이용 또는 미용에 관한 학과 졸업자

55 공중위생관리법상의 위생교육에 대한 설명 중 옳은 것은?

① 위생교육 대상자는 이·미용 영업자이다.
② 위생교육 대상자는 이·미용사이다.
③ 위생교육 시간은 매년 8시간이다.
④ 위생교육은 공중위생관리법 위반자에 한하여 받는다.

56 공중위생관리법에서 규정하고 있는 공중위생영업의 종류에 해당되지 않는 것은?

① 이용업
② 건물위생관리업
③ 학원영업
④ 세탁업

57 미용서비스의 최종 지급가격 및 이용서비스의 총액에 관한 내역서를 이용자에게 미리 제공하지 않은 경우의 1차 행정처분기준은?

① 경고
② 영업정지 5일
③ 영업정지 10일
④ 영업정지 15일

58 공중위생관리법규에서 규정하고 있는 이·미용영업자의 준수사항이 아닌 것은?

① 소독을 한 기구와 소독을 하지 아니한 기구는 각각 다른 용기에 넣어 보관하여야 한다.
② 손님의 피부에 닿는 수건은 악취가 나지 않아야 한다.
③ 이·미용 요금표를 업소 내에 게시하여야 한다.
④ 이·미용업 신고중 개설자의 면허증 원본 등은 업소 내에 게시하여야 한다.

59 영업소 폐쇄명령을 받은 후 동일한 장소에서 폐쇄명령을 받은 영업과 같은 종류의 영업을 하고자 할 때 얼마의 기간이 지나야 가능한가?

① 3월
② 6월
③ 1년
④ 2년

60 이·미용사의 면허가 취소되었을 경우 몇 개월이 경과되어야 또 다시 그 면허를 받을 수 있는가?

① 3개월   ② 6개월
③ 9개월   ④ 12개월

파이널 CBT 실전모의고사 2회

자격종목	시험시간	문항수	점수
미용사(일반) 필기	60분	60문항	

답안표기란

01	①	②	③	④
02	①	②	③	④
03	①	②	③	④
04	①	②	③	④
05	①	②	③	④
06	①	②	③	④

01 미용 시술에 따른 작업자세로 적합하지 않은 것은?

① 샴푸 시에는 발을 약 6인치 정도 벌리고 등을 곧게 펴서 바른 자세로 시술한다.
② 헤어스타일링 작업 시에는 손님의 의자를 작업에 적합한 높이로 조정한 다음 작업을 한다.
③ 화장이나 매니큐어 시술 시에는 미용사가 의자에 바르게 앉아 시술한다.
④ 미용사는 선 자세 또는 앉은 자세 어느 때 일지라도 반드시 허리를 구부려서 시술토록 한다.

02 그라데이션 커트는 몇 도 각도 선에서 슬라이스로 커팅하는가?

① 사선 20도
② 사선 45도
③ 사선 90도
④ 사선 120도

03 콜드 퍼머넌트 웨이브 시 두발 끝이 자지러지는 원인이 아닌 것은?

① 콜드 웨이브 제1액을 바르고 방치시간이 길었다.
② 두발 끝을 너무 테이퍼링하였다.
③ 두발 끝을 블런트로 커팅하였다.
④ 너무 가는 로드를 사용하였다.

04 콜드 퍼머넌트 시 제1액을 바르고 비닐 캡을 씌우는 이유가 아닌 것은?

① 체온으로 솔루션의 작용을 빠르게 하기 위하여
② 제1액의 작용이 두발 전체에 골고루 행하여지게 하기 위하여
③ 휘발성 알칼리의 휘산 작용을 방지하기 위하여
④ 두발을 구부러진 형태대로 정착시키기 위하여

05 물이나 비눗물 등을 담은 것으로 손톱을 부드럽게 할 때 사용되는 것은?

① 핑거 볼
② 네일 파일
③ 네일 버퍼
④ 네일 크림

06 우리나라 미용사에서 면약(일종의 안면용 화장품)의 사용과 두발 염색이 최초로 행해졌던 시대는?

① 삼한
② 삼국
③ 고려
④ 조선

07 다음 중 시대적으로 가장 늦게 발표된 미용술은?

① 찰스 네슬러의 퍼머넌트 웨이브
② 스피크먼의 콜드 웨이브
③ 조셉 메이어의 크루크식 퍼머넌트 웨이브
④ 마셀 그라또의 마셀 웨이브

08 둥근(원형)얼굴형에 대한 화장술로써 가장 적합한 것은?

① 뺨은 풍요하게 턱은 팽팽하게 보이도록 한다.
② 모난 부분을 밝게 표현한다.
③ 양 옆폭을 좁게 보이도록 한다.
④ 위와 아래를 짧게 보이도록 한다.

09 헤어 블리치 시술에 관한 화장술로써 가장 적합한 것은?

① 블리치 시술 후 일주일 이상 경과된 뒤에 퍼머하는 것이 좋다.
② 블리치 시술 후 케라틴 등의 유출로 다공성 모발이 되므로 애프터 케어가 필요하다.
③ 블리치제 조합은 사전에 정확히 배합해 두고 사용 후 남은 블리치제는 공기가 들어가지 않도록 밀폐시켜 사용한다.
④ 블리치제는 직사광선이 들지 않는 서늘하고 건조한 곳에 보관한다.

10 두부의 기준점 중 T.P에 해당되는 것은?

① 센터 포인트   ② 탑 포인트
③ 골든 포인트   ④ 백 포인트

11 클락 와이즈 와인드 컬을 가장 옳게 설명한 것은?

① 모발이 시계 바늘 방향인 오른쪽 방향으로 되어진 컬
② 모발이 두피에 대해 세워진 컬
③ 모발이 두피에 대해 시계가 가는 반대방향으로 되어진 컬
④ 모발이 두피에 대해 평평한 컬

12 미용의 목적과 가장 거리가 먼 것은?

① 심리적 욕구를 만족시켜 준다.
② 인간의 생활의욕을 높인다.
③ 영리의 추구를 도모한다.
④ 아름다움을 유지시켜 준다.

13 컬 핀닝 시 주의사항으로 틀린 것은?

① 두발이 젖은 상태이므로 두발에 핀이나 클립자국이 나지 않도록 주의한다.
② 루프의 형태가 일그러지지 않도록 주의한다.
③ 고정시키는 도구가 루프의 지름보다 지나치게 큰 것은 사용하지 않는다.
④ 컬을 고정시킬 때는 핀이나 클립을 깊숙이 넣어야만 잘 고정된다.

14 파운데이션 종류와 적합한 피부의 연결이 틀린 것은?

① 크림타입의 파운데이션 - 건성피부
② 파우더 타입의 파운데이션 - 지성피부
③ 리퀴드 타입의 파운데이션 - 건성피부
④ 케이크 타입의 파운데이션 - 건성피부

답안표기란				
07	①	②	③	④
08	①	②	③	④
09	①	②	③	④
10	①	②	③	④
11	①	②	③	④
12	①	②	③	④
13	①	②	③	④
14	①	②	③	④

15 시술자의 조정에 의해 바람을 일으켜 직접 내보내는 블로우 타입으로 주로 드라이세트에 많이 사용되는 것은?

① 핸드 드라이어
② 에어 드라이어
③ 스탠드 드라이어
④ 적외선램프 드라이어

16 다음 중 목적에 따른 분류가 아닌 것은?

① 소셜 메이크업
② 오디너리 메이크업
③ 그리스 페인트 메이크업
④ 스테이지 메이크업

17 컬러링 시술 전 실시하는 패치 테스트에 관한 설명으로 틀린 것은?

① 염색 시술 48시간 전에 실시한다.
② 팔꿈치 안쪽이나 귀 뒤에 실시한다.
③ 테스트 결과 양성반응일 때 염색시술을 한다.
④ 염색제의 알레르기 반응 테스트이다.

18 헤어의 디자인라인에서 다이애거널 포워드는?

① 좌대각으로 좌측에서 보면 우측으로 되어 다운이 되며 우측으로 길어진다.
② 우대각 쪽으로 향하는 좌측이 길어진다.
③ 모발이 앞쪽으로 흐르는 대각선으로 전대각으로 앞선이 길어진다.
④ 얼굴 뒤쪽으로 흐르며 후대각 V라인이다.

19 모발의 성장이 멈추고 전체 모발의 14~15%를 차지하며 가벼운 물리적 자극에 의해 쉽게 탈모가 되는 단계는?

① 성장기
② 퇴화기
③ 휴지기
④ 모발주기

20 청록색 눈 화장에 빨간색 입술화장을 하였더니 청록과 빨간 색상이 원래의 색보다 더욱 뚜렷해 보이고 채도도 더 높게 보이는 현상은?

① 명도대비
② 연변대비
③ 색상대비
④ 보색대비

21 비타민이 결핍되었을 때 발생하는 질병의 연결이 틀린 것은?

① 비타민 B1 - 각기증
② 비타민 D - 괴혈병
③ 비타민 A - 야맹증
④ 비타민 E - 불임증

22 집 주위에 있는 쥐를 없애는 방법 중 가장 항구적인 방법은?

① 약제를 사용한다.
② 천적을 사용한다.
③ 쥐틀 등을 사용한다.
④ 환경을 정비한다.

답안표기란				
15	①	②	③	④
16	①	②	③	④
17	①	②	③	④
18	①	②	③	④
19	①	②	③	④
20	①	②	③	④
21	①	②	③	④
22	①	②	③	④

23 매개곤충과 전파하는 전염병의 연결이 틀린 것은?

① 진드기 - 유행성 출혈열
② 모기 - 일본뇌염
③ 파리 - 사상충
④ 벼룩 - 페스트

24 다음 중 감염형 식중독에 속하는 것은?

① 살모넬라 식중독
② 보툴리누스 식중독
③ 포도상구균 식중독
④ 웰치균 식중독

25 장티푸스에 대한 설명으로 옳은 것은?

① 식물매개 전염병이다.
② 우리나라에서는 제1군 법정전염병이다.
③ 대장점막에 궤양성 병변을 일으킨다.
④ 일종의 열병으로 경구침입 전염병이다.

26 전염병 발생 시 일반인이 취하여야 할 사항으로 적절하지 않은 것은?

① 환자를 문병하고 위로한다.
② 예방접종을 받도록 한다.
③ 주위환경을 청결히 하고 개인위생에 힘쓴다.
④ 필요한 경우 환자를 격리한다.

27 다음 중 직업병으로만 구성된 것은?

① 열중증 - 잠수병 - 식중독
② 열중증 - 소음성난청 - 잠수병
③ 열중증 - 소음성난청 - 폐결핵
④ 열중증 - 소음성난청 - 대퇴부골절

28 다음 중 체온조절기능에 대한 설명으로 옳은 것은?

① 인체는 화학적 조절기능으로 체내에서 열 생산을 한다.
② 피부는 열 발산 기능보다 열 생산 기능이 더 활발하다.
③ 신체는 신진대사만으로 열을 생산한다.
④ 신체와 환경과의 열 교환 현상은 없다.

29 보건기획이 전개되는 과정으로 옳은 것은?

① 전제 - 예측 - 목표설정 - 구체적 행동계획
② 전제 - 평가 - 목표설정 - 구체적 행동계획
③ 평가 - 환경분석 - 목표설정 - 구체적 행동계획
④ 환경분석 - 사정 - 목표설정 - 구체적 행동계획

30 다음에서 가족계획에 포함되는 것만 골라 나열한 것은?

> ㄱ. 결혼연령 제한
> ㄴ. 초산연령 조절
> ㄷ. 인공 임신중절
> ㄹ. 출산횟수 조절

① ㄱ, ㄴ, ㄷ
② ㄱ, ㄷ
③ ㄴ, ㄹ
④ ㄱ, ㄴ, ㄷ, ㄹ

답안표기란

번호	①	②	③	④
23	①	②	③	④
24	①	②	③	④
25	①	②	③	④
26	①	②	③	④
27	①	②	③	④
28	①	②	③	④
29	①	②	③	④
30	①	②	③	④

31 다음 중 물리적 소독법에 속하지 않는 것은?

① 건열멸균법
② 고압증기멸균법
③ 크레졸소독법
④ 자비소독법

32 일반적인 음용수로서 적합한 잔류염소 (유리 잔류염소를 말함) 기준은?

① 250mg/L 이하
② 4mg/L 이하
③ 2mg/L 이하
④ 0.1mg/L 이하

33 소독약품의 구비조건이 아닌 것은?

① 살균력이 있을 것
② 부식성이 없을 것
③ 경제적일 것
④ 사용방법이 어려울 것

34 E.O가스멸균법이 고압증기멸균법에 비해 장점이라 할 수 있는 것은?

① 멸균 후 장기간 보존이 기능하다.
② 멸균 시 소요되는 비용이 저렴하다.
③ 멸균 조작이 쉽고 간단하다.
④ 멸균 시간이 짧다.

35 다음 소독약 중 가장 독성이 낮은 것은?

① 석탄산
② 승홍수
③ 에틸알코올
④ 포르말린

36 석탄산, 알코올, 포르말린 등의 소독제가 가지는 소독의 주된 원리는?

① 균체원형질 중의 탄수화물 변성
② 균체원형질 중의 지방질 변성
③ 균체원형질 중의 단백질 변성
④ 균체원형질 중의 수분 변성

37 다음 중 여드름 짜는 기계를 소독하지 않고 사용했을 때 감염 위험이 큰 질병은?

① 후천성면역결핍증
② 결핵
③ 장티푸스
④ 이질

38 미용현장의 감염관리를 위한 방법 중 가장 적절한 것은?

① 화장실 세면대에는 고체비누를 사용하도록 준비한다.
② 사용한 레이저나 가위는 깨끗이 씻고 말려 다른 고객에게 다시 사용한다.
③ 작업장의 환경은 환기와 통풍보다는 냉·온방 시설이 잘 되어야 한다.
④ 화장실에는 펌프로 된 물비누와 일회용 종이 타올을 비치한다.

39 다음 중 올바른 도구 사용법이 아닌 것은?

① 시술 도중 바닥에 떨어뜨린 빗을 다시 사용하지 않고 소독한다.
② 더러워진 빗과 브러시는 소독해서 사용해야 한다.
③ 에머리보드는 한 고객에게만 사용한다.
④ 일회용 소모품은 경제성을 고려하여 재사용한다.

40 고압증기멸균법을 실시할 때 온도, 압력, 소요시간으로 가장 알맞은 것은?

① 71℃에 10lbs 30분간 소독
② 105℃에 15lbs 30분간 소독
③ 121℃에 15lbs 20분간 소독
④ 211℃에 10lbs 10분간 소독

41 다음 중 외부로부터 충격이 있을 때 완충작용으로 피부를 보호하는 역할을 하는 것은?

① 피하지방과 모발
② 한선과 피지선
③ 모공과 모낭
④ 외피각질층

42 여드름이 많이 났을 때의 관리방법으로 가장 거리가 먼 것은?

① 유분이 많은 화장품을 사용하지 않는다.
② 클린징을 철저히 한다.
③ 요오드가 많이 든 음식을 섭취한다.
④ 적당한 운동과 비타민류를 섭취한다.

43 다음 중 세포 재생이 더 이상 되지 않으며 기름샘과 땀샘이 없는 것은?

① 흉터   ② 티눈
③ 두드러기   ④ 습진

44 눈꺼풀에 색감을 주어 입체감을 살려 눈의 표정을 강조하는 화장품은?

① 아이라이너
② 아이섀도
③ 아이브로우 펜슬
④ 마스카라

45 피부구조에 있어 물이나 일부의 물질을 통과시키지 못하게 하는 흡수 방어벽층은 어디에 있는가?

① 투명층과 과립층 사이
② 각질층과 투명층 사이
③ 유극층과 기저층 사이
④ 과립층과 유극층 사이

46 메이크업에서 T.P.O에 속하지 않는 것은?

① 시간
② 장소
③ 체형
④ 목적

47 다음 중 필수아미노산에 속하지 않는 것은?

① 아르기닌
② 리신
③ 히스티딘
④ 글리신

48 건강한 손톱의 특징이 아닌 것은?

① 네일 베드에 잘 부착되어 있어야 한다.
② 연한 핑크색이 나며 둥근 모양의 아치형이다.
③ 매끈하게 윤이 흘러야 한다.
④ 단단하고 두꺼우며 딱딱해야 한다.

49 기미를 악화시키는 주요한 원인이 아닌 것은?

① 경구피임약의 복용
② 임신
③ 자외선 차단
④ 내분비 이상

답안표기란				
40	①	②	③	④
41	①	②	③	④
42	①	②	③	④
43	①	②	③	④
44	①	②	③	④
45	①	②	③	④
46	①	②	③	④
47	①	②	③	④
48	①	②	③	④
49	①	②	③	④

50 풋고추, 당근, 시금치, 달걀노른자에 많이 들어 있는 비타민으로 피부각화 작용을 정상적으로 유지시켜 주는 것은?

① 비타민 C
② 비타민 A
③ 비타민 K
④ 비타민 D

51 공중위생관리법 시행규칙에 규정된 이·미용기구의 소독기준으로 적합한 것은?

① 1cm²당 85㎼ 이상의 자외선을 10분 이상 쐬어준다.
② 100℃ 이상의 건조한 열에 10분 이상 쐬어준다.
③ 석탄산수(석탄산 3%, 물 97%)에 10분 이상 담가둔다.
④ 100℃ 이상의 습한 열에 10분 이상 쐬어준다.

52 이·미용업의 영업자는 연간 몇 시간의 위생교육을 받아야 하는가?

① 3시간
② 8시간
③ 10시간
④ 12시간

53 신고를 하지 않고 영업소명칭(상호)을 바꾼 경우에 대한 1차 위반 시의 행정처분기준은?

① 주의
② 경고 또는 개선명령
③ 영업정지 10일
④ 영업정지 1월

54 이·미용업에 있어 위반행위의 차수에 따른 행정처분기준은 최근 어느 기간 동안 같은 위반행위로 행정처분을 받은 경우에 적용하는가?

① 6월
② 1년
③ 2년
④ 3년

55 이·미용업의 신고에 대한 설명으로 옳은 것은?

① 이·미용사 면허를 받은 사람만 신고할 수 있다.
② 일반인 누구나 신고할 수 있다.
③ 1년 이상의 이·미용업무 실무경력자가 신고할 수 있다.
④ 미용사 자격증을 소지하여야 신고할 수 있다.

56 과징금 처분을 받은 이·미용업자가 처분의 통지를 받은 날로부터 며칠 이내에 과징금을 납부해야 하는가?

① 5일
② 10일
③ 15일
④ 20일

57 공중위생영업소를 개설하고자 하는 자는 원칙적으로 언제까지 위생교육을 받아야 하는가?

① 개설하기 전
② 개설 후 3개월
③ 개설 후 6개월 내
④ 개설 후 1년 내

답안표기란
50 ① ② ③ ④
51 ① ② ③ ④
52 ① ② ③ ④
53 ① ② ③ ④
54 ① ② ③ ④
55 ① ② ③ ④
56 ① ② ③ ④
57 ① ② ③ ④

★★★
58 다음 중 공중위생관리법의 궁극적인 목적은?

① 공중위생영업 종사자의 위생 및 건강 관리
② 공중위생영업소의 위생관리
③ 위생수준을 향상시켜 국민의 건강증진에 기여
④ 공중위생영업의 위상 향상

★★
59 영업소 외의 장소에서 업무를 행한 때에 대한 1차 위반 시 행정처분기준은?

① 200만원 이하의 벌금
② 300만원 이하의 벌금
③ 영업정지 1월
④ 영업정지 3월

★★
60 공중위생관리법상 공중위생영업의 신고를 하고자 하는 경우 반드시 필요한 첨부서류가 아닌 것은?

① 영업시설 및 설비개요서
② 교육수료증
③ 이·미용사 자격증
④ 면허증 원본

답안표기란				
58	①	②	③	④
59	①	②	③	④
60	①	②	③	④

파이널 CBT 실전모의고사 1회

01	02	03	04	05	06	07	08	09	10	11	12	13	14	15	16	17	18	19	20
②	④	③	③	②	③	④	④	②	①	③	①	③	①	④	④	③	①	①	②
21	22	23	24	25	26	27	28	29	30	31	32	33	34	35	36	37	38	39	40
②	①	②	①	④	③	①	②	②	①	②	②	④	③	①	③	④	④	④	①
41	42	43	44	45	46	47	48	49	50	51	52	53	54	55	56	57	58	59	60
②	①	①	②	②	①	①	③	③	①	①	①	①	③	①	③	①	②	②	④

01 ▶ ②

개체변발은 몽골풍에서 전래된 형태로, 머리 주변을 삭발하고 정수리 부분만 남겨 땋아 늘어뜨린 머리이다. 정수리에 틀어 올려 감아 맨 형태는 상투에 해당하므로 개체변발과 관련이 없다.

02 ▶ ④

결절 염모증은 모발에 결절이 형성되어 그 부위가 쉽게 갈라지고 끊어지는 질환으로, 건조하고 가늘게 부서지는 특징이 나타난다.

03 ▶ ③

레이저 테이퍼링은 뿌리 가까이에서 시술하면 손상이 크므로, 2.5~5cm 떨어진 지점에서 질감 조절을 한다.

04 ▶ ③

논스템은 루프가 두피에서 0°로 형성되어 이동이 거의 없고 컬의 지속력이 가장 안정적이다.

05 ▶ ②

시스테인 퍼머제는 모발 구성 아미노산과 유사한 성분으로, 환원 작용이 부드럽고 손상모에 적합하다.

06 ▶ ③

마셀 그라또(Marcel Grateau)는 마셀 웨이브를 고안하여 아이론 스타일링의 기초를 확립하였다.

07 ▶ ④

스트랜드・패널・머릿단은 모발 단위 명칭이며, 스캘프는 두피를 의미하므로 해당되지 않는다.

08 ▶ ④

블런트(클럽) 커트는 동일 길이로 직선 절단하는 기본 커트 기법이다.

09 ▶ ②

이어 포인트에서 네이프사이드 포인트를 연결한 선은 측면 네크라인, 즉 목옆선이다.

10 ▶ ①

산성 린스는 알칼리 중화와 금속 이온 제거 목적이며, 살균을 위해 과다 사용하면 모발의 손상을 초래할 수 있다.

11 ▶ ③

산성 린스인 레몬 린스・식초 린스・구연산 린스 등은 pH 조절 목적으로 사용되며, 오일 린스는 유분 코팅제이다.

12 ▶ ①

태핑은 손가락 바닥면으로 빠르게 두드려 혈액순환을 촉진하는 고타법이다.

13 ▶ ③

컨디셔너는 모발 표면 코팅과 유연성 부여 기능이며, 세정은 샴푸의 역할이다.

14 ▶ ①

안말음은 그루브를 위쪽, 로드를 아래로 하여 안쪽 컬을 형성한다.

15 ▶ ④

파라핀은 온열과 밀폐 효과로 혈류 촉진 및 탄력 증가에 효과적이다.

16 ▶ ④

SPF(Sun Protection Factor)는 UVB 차단 효과를 수치화한 지표이다.

17 ▶ ③

인조손톱은 미용・보강 목적이며, 단순 소독을 위해 시행하지 않는다.

18 ▶ ①

두발 끝에서부터 점진적으로 풀어야 모발 인장 손상을 최소화한다.

19 ▶ ①

밝은 백분을 두껍게 바르면 주근깨가 오히려 부각된다.

20 ▶ ②

적외선은 온열 작용을 통해 혈액순환을 촉진하고 피지 분비 조절에 도움을 준다. 지성 피부와 비듬성 피부는 피지 과다와 관련이 있으므로 온열 자극이 개선 효과를 줄 수 있다. 또한 진피층의 혈류 개선으로 잔주름 완화에도 일정 부분 기여한다.

21 ▶ ②

영아사망률은 출생 후 1년 이내 사망한 영아 수를 출생아 수 대비로 나타낸 지표이다. 의료수준, 영양상태, 위생환경, 예방접종 수준 등 지역 보건 여건을 종합적으로 반영하므로 보건수준 평가의 대표적 지표로 활용된다.

22 ▶ ①

공중보건사업은 질병의 예방, 건강증진, 환경위생 개선 등 집단을 대상으로 하는 예방 중심 사업이다. 개별 환자의 치료는 임상의학의 영역으로 구분된다.

23 ▶ ②

솔라닌은 감자 싹이나 녹색 부분에 존재하는 독성 알칼로이드로, 과량 섭취 시 구토·설사·신경 증상을 유발할 수 있다. 특히 싹이 난 감자는 제거 후 사용하거나 섭취를 피해야 한다.

24 ▶ ①

이상적인 피임 방법은 안전성, 가역성, 경제성, 편의성을 갖추어야 한다. "절대적으로 임신이 되어서는 안 된다"는 표현은 영구적 단종 개념에 가깝고, 일반적 피임의 정의와는 차이가 있다.

25 ▶ ④

방사선 관련 직업병에는 조혈기능 장애, 백혈병, 생식기능 장애 등이 있으며, 잠항병은 특정 직업성 방사선 질환으로 분류되지 않는다.

26 ▶ ③

용존산소(DO)는 물속에 녹아 있는 산소량을 의미한다 유기물이 많아지면 미생물 분해 과정에서 산소 소비가 증가해 DO가 낮아진다. 따라서 DO가 매우 낮다는 것은 수질 오염이 심각하다는 의미이다.

27 ▶ ①

간흡충은 민물고기를 생식할 때 감염된다. 잉어·붕어·피라미 등 담수어가 주요 매개체이며, 감염 시 간 기능 장애 및 담도 질환을 유발할 수 있다.

28 ▶ ②

말라리아는 모기(Anopheles)에 의해 매개되는 질환이다. 바퀴벌레는 이질, 콜레라, 장티푸스 등 장관계 감염병을 기계적으로 전파할 수 있으나 말라리아는 해당되지 않는다.

29 ▶ ②

실내외 온도 차가 지나치게 크면 체온 조절 부담이 증가해 건강에 악영향을 줄 수 있다. 일반적으로 5~7℃ 범위가 가장 적절하다.

30 ▶ ①

건강보균자는 증상이 없으나 병원체를 보유하고 있어 무의식적으로 감염을 확산시킬 수 있다. 증상 환자보다 관리가 어려워 전염병 관리상 매우 중요하다.

31 ▶ ②

포르말린은 기화하여 살균 작용을 하므로, 온도가 높을수록 증발이 활발해져 살균 효과가 증가한다.

32 ▶ ②

소독효과는 온도, 시간, 농도, 습도 등의 영향을 크게 받는다. 일반적인 대기압 변화는 소독력에 큰 영향을 미치지 않는다.

33 ▶ ④

크레졸은 물에 잘 녹지 않으며, 비누액과 혼합하여 사용하는 경우가 많다. 석탄산보다 살균력이 강하다.

34 ▶ ③

대부분의 병원성 세균은 pH 7 전후의 중성 환경에서 가장 잘 증식한다. 강산성이나 강알칼리성 환경에서는 증식이 억제된다.

35 ▶ ①

초음파는 세포 구조가 비교적 약한 나선균에 효과적이다. 아포 형성균은 내성이 강하다.

36 ▶ ③

아포는 내열성과 내건성이 매우 강해 단순 자비소독으로는 완전 멸균이 어려워 고압증기멸균이 필요하다.

37 ▶ ④

B형간염 바이러스는 혈액 매개 감염원으로 내열성이 비교적 강하다. 단순 끓임 소독으로 완전 제거가 어렵다.

38 ▶ ④

건열멸균은 고온의 건조한 열(160~180℃)을 이용하여 미생물을 사멸시키는 방법이다. 수분이 포함되면 변질되거나 효과가 감소하는 물질, 즉 바세린·파우더·기름류 등에 적합하다. 의류·타월은 고압증기멸균 대상이며, 예리한 칼날은 건열 시 무뎌질 수 있어 적합하지 않다.

39 ▶ ④

염소는 강력한 산화작용을 통해 세균의 단백질을 변성시켜 살균한다. 상·하수 소독에 가장 널리 사용되며, 잔류염소를 통해 지속적 소독 효과를 유지할 수 있다. 단, 농도가 높으면 자극성과 부식성이 있다.

40 ▶ ①

Louis Pasteur가 개발한 저온살균법은 일정 온도에서 가열 후 급속 냉각하여 병원성 세균을 제거하는 방법이다. 우유 살균에 대표적으로 적용된다.

41 ▶ ②

여드름 피부는 피지 과다와 모공 확장이 특징이다. 화장수(토너)는 모공 수축과 피지 조절을 돕는 수렴 작용이 핵심 기능이다. 피지 증가나 세균 증식은 오히려 악화 요인이다.

42 ▶ ①

피부는 표피·진피·피하조직으로 구성된다. 망상층은 진피의 하부층으로 콜라겐과 엘라스틴 섬유가 풍부하여 피부 탄력과 강도를 담당한다.

43 ▶ ①

안면 근육의 수축과 이완에 의해 감정이 피부 표면에 표현된다. 희로애락이 얼굴에 드러나는 것은 표정근 작용에 의한 것이다.

44 ▶ ②

블루밍 효과는 피부를 맑고 투명하며 생기 있게 보이도록 하는 메이크업 효과이다. 과도한 광택이 아닌 자연스러운 화사함을 의미한다.

45 ▶ ②

지루피부염은 피지 분비가 많은 부위에 발생하며, 기름기 있는 인설과 가려움이 특징이다. 호전과 악화를 반복하는 만성 염증성 질환이다.

46 ▶ ①

레몬은 비타민 C 함량이 매우 높아 항산화 작용과 면역력 증진에 도움을 준다. 피부 미백과 콜라겐 합성에도 관여한다.

47 ▶ ①

소양감은 피부를 긁고 싶은 충동을 느끼는 가려움 증상이다. 알레르기, 피부염, 건조증 등에서 흔히 나타난다.

48 ▶ ③

콜라겐과 엘라스틴은 진피층의 주요 구성 성분으로, 피부의 탄력·강도·복원력을 결정한다.

49 ▶ ③

우드램프는 자외선을 이용하여 피부 상태를 형광 반응색으로 분석하는 기기이다. 지성·건성·색소 침착 여부를 판별할 수 있다.

50 ▶ ①

비타민 B군과 비타민 C는 수용성 비타민이다. 체내 축적이 적어 지속적 섭취가 필요하다.

51 ▶ ①

이용사·미용사의 업무 범위는 공중위생관리법 시행규칙(보건복지부령)으로 정해진다. 법률이 아닌 하위 법령에서 세부 내용을 규정한다.

52 ▶ ①

변경신고 없이 소재지를 변경한 경우 1차 위반 시 영업정지 1개월, 2차 위반 시 영업정지 2개월, 3차 위반 시 영업장 폐쇄명령의 행정처분을 내릴 수 있다.

53 ▶ ①

공중위생영업은 다수인을 대상으로 위생관리서비스를 제공하는 영업을 의미한다. 이용업·미용업·세탁업·숙박업, 목욕장업, 건물위생관리업을 말한다.

54 ▶ ③

외국 자격은 국내 법령에 따른 인정 절차가 필요하며, 단순 소지 사실만으로 면허 발급이 되지 않는다.

55 ▶ ①

위생교육 대상자는 이·미용 "영업자"이다. 종사자 전체가 아닌 영업자가 법적 의무 대상이다.

56 ▶ ③

학원업은 교육 관련 업종으로 공중위생관리법상 공중위생영업에 해당하지 않는다.

57 ▶ ①

개별 이용서비스의 최종 지급가격 및 이용서비스의 총액에 관한 내역서를 이용자에게 미리 제공하지 않은 경우 1차 경고, 2차 영업정지 5일, 3차 영업정지 10일, 4차 이상 영업정지 1월의 행정처분이 내려진다(공중위생관리법 시행규칙 [별표 7]).

58 ▶ ②

수건은 "청결하고 위생적으로 관리"해야 한다는 것이 법적 기준이다. 단순히 냄새 유무로 규정하지 않는다.

59 ▶ ②

영업소 폐쇄명령 후 동일 장소에서 동일 영업을 재개하려면 6개월이 경과해야 한다. 이는 행정처분 실효성 확보를 위한 규정이다.

60 ▶ ④

이·미용사 면허가 취소된 경우 1년(12개월)이 경과해야 재교부 신청이 가능하다. 면허 취소는 가장 중한 행정처분에 해당한다.

01	02	03	04	05	06	07	08	09	10	11	12	13	14	15	16	17	18	19	20
④	②	③	④	①	③	②	③	③	②	①	③	④	④	①	②	③	③	③	④
21	22	23	24	25	26	27	28	29	30	31	32	33	34	35	36	37	38	39	40
②	④	③	①	④	①	②	①	①	③	③	②	④	①	③	③	①	④	④	③
41	42	43	44	45	46	47	48	49	50	51	52	53	54	55	56	57	58	59	60
①	③	①	②	①	③	④	④	③	②	③	①	②	②	①	④	①	③	③	③

01 ▶ ④
미용 시술 시 허리를 굽히면 피로와 부상 위험이 커지므로 허리를 곧게 유지해야 한다.

02 ▶ ②
그라데이션 커트는 45도 각도 슬라이스가 기본이다.

03 ▶ ③
블런트 커트는 끝을 일자로 자르는 것으로 자지러짐과 무관하다.

04 ▶ ④
비닐캡은 체온 유지, 약액 증발 방지, 제1액의 작용 촉진이 목적이며, 두발을 구부러진 형태로 정착시키는 것과 무관하다.

05 ▶ ①
핑거볼은 손톱을 부드럽게 하기 위한 용기이다.

06 ▶ ③
고려시대에 화장과 염색 문화가 본격적으로 발전했다.

07 ▶ ②
콜드 웨이브는 ① ~ ④ 중 1930년대 이후 등장한 가장 최신 기술이다.

08 ▶ ③
둥근 얼굴은 세로 길이를 강조하고 옆폭을 줄이는 보정이 필요하다.

09 ▶ ③
블리치제는 공기와 접촉하면 산화되므로 밀폐 보관해야 한다.

10 ▶ ②
T.P는 두부의 가장 높은 지점을 의미한다.

11 ▶ ①
클락 와이즈(Clockwise)는 시계가 가는 방향인 오른쪽 방향으로 말린 컬이다.

12 ▶ ③
미용의 본질은 심미적·심리적 욕구, 생활의욕 향상이다.

13 ▶ ④
핀은 루프 형태를 유지할 정도로만 고정해야 한다.

14 ▶ ④
케이크 타입은 유분 흡수력이 강해 지성 피부용이다.

15 ▶ ①
핸드 드라이어는 바람 방향·세기 조절이 쉬워 드라이세트에 적합하다.

16 ▶ ②
오디너리는 일상적 메이크업으로 목적에 따른 분류가 아니다.

17 ▶ ③
양성 반응은 알레르기 반응이 있다는 뜻이므로 시술을 금지한다.

18 ▶ ③
전대각선 방향으로 앞이 길어지는 디자인 라인이다.

19 ▶ ③
전체 모발의 약 14~15%가 휴지기 상태이다.

20 ▶ ④
보색끼리 배치되면 채도와 대비가 증가한다.

21 ▶ ②
비타민 D → 구루병, 비타민 C → 괴혈병

22 ▶ ④
환경 개선(정비)이 가장 근본적인 쥐 구제법이다.

23 ▶ ③
사상충은 모기 매개 질환이다.

24 ▶ ①
감염형 식중독은 살아 있는 세균이 직접 체내에 들어와 증식하여 질병을 일으키는 유형으로 살모넬라균, 장염비브리오균, 병원성 대장균 등이 대표적이다.

25 ▶ ④

오염된 음식·물을 섭취하여 입을 통해 감염된다.

26 ▶ ①

환자 문병 등으로 인한 접촉은 감염 확산 위험이 있다.

27 ▶ ②

열중증·소음성 난청·잠수병은 모두 작업 환경에서 발생하는 대표 질환들이다.

28 ▶ ①

신진대사·근육 활동 등의 화학적 작용을 통해 열을 생산한다.

29 ▶ ①

기획은 미래 예측 후 목표 설정이 핵심이다.

30 ▶ ③

가족계획은 출산 조절·피임이 핵심이다.

31 ▶ ③

열·증기·건조 등은 물리적 소독에 해당되며, 크레졸소독은 화학적 소득법이다.

32 ▶ ②

음용수의 잔류염소 기준은 4mg/L 이하이다. 소독효과 유지와 안전성 기준이다.

33 ▶ ④

사용이 간편해야 현장에서 활용 가능하다.

34 ▶ ①

저온멸균으로 기구 손상이 적으며, 멸균 후 밀봉상태에서 장기간 보존이 가능하다.

35 ▶ ③

에틸알코올은 독성이 낮아 피부 자극이 적고 안전하다.

36 ▶ ③

세균 단백질을 변성시켜 사멸시킨다.

37 ▶ ①

소독하지 않은 여드름 짜는 기계의 사용은 후천성면역결핍증과 같은 혈액 매개 감염의 위험이 높다.

38 ▶ ④

위생적인 손 세정과 후처리를 통해 교차 감염을 예방한다.

39 ▶ ④

일회용품 재사용은 감염 위험이 크므로, 재사용을 피해야 한다.

40 ▶ ③

121℃에 151bs 20분간 소독이 가장 표준적이고 효과적인 멸균 조건이다.

41 ▶ ①

피하지방과 모발은 외부 충격을 흡수하여 피부를 보호한다.

42 ▶ ③

요오드는 피지 분비를 자극하여 여드름이 심해질 수 있어 피해야 한다.

43 ▶ ①

흉터는 세포 재생이 불가하고, 한선·피지선이 없으며, 기능이 없는 섬유조직이다.

44 ▶ ②

아이섀도 사용으로 눈의 깊이감과 분위기를 만든다.

45 ▶ ①

이 부위는 세포 간 지질이 가장 치밀해 수분 손실과 외부 자극 물질의 침투를 막는 피부 장벽의 핵심이다.

46 ▶ ③

메이크업에서 T.P.O는 상황에 맞는 연출을 위해 고려해야 할 세 가지 핵심 요소로 T(Time, 시간), P(Place, 장소), O(Occasion, 목적)를 말한다.

47 ▶ ④

글리신은 몸에서 스스로 만들 수 있어 필수아미노산이 아니다.

48 ▶ ④

건강한 손톱은 유연하고 매끈하며, 적당한 두께를 가진다. 너무 두껍고 딱딱한 손톱은 건강하지 않은 상태이다.

49 ▶ ③

기미는 자외선 노출로 악화되며, 자외선 차단은 오히려 예방 요소이다.

50 ▶ ②

비타민 A는 각질세포의 분화와 재생을 조절해 피부를 매끄럽게 유지시켜 준다.

51 ▶ ③

석탄산수 3%에 10분 담그는 것은 공중위생관리법에서 규정한 공식 소독 기준이며, ①, ②, ④는 20분 이상 씌어주거나, 쬐어줘야 한다.

52 ▶ ①

이·미용업 영업자는 매년 정기 위생교육을 이수하여야 하며, 연간 위생교육 이수 시간은 3시간이다.

53 ▶ ②

상호 변경 미신고는 행정질서 위반으로, 1차는 경고 또는 개선명령의 행정처분이다.

54 ▶ ②

이 · 미용업의 위반행위 차수에 따른 행정처분기준은 최근 1년간 같은 위반행위로 행정처분을 받은 경우를 기준으로 누적 적용한다. 즉, 동일한 위반이 1년 이내에 재발하면 2차, 3차 위반으로 가중 처분이 이루어진다.

55 ▶ ①

이 · 미용업은 공중위생업이므로 면허가 있어야만 영업 신고가 가능하다.

56 ▶ ④

과징금 처분 통지를 받은 날로부터 20일 이내에 과징금을 납부해야 한다.

57 ▶ ①

영업을 시작하기 전에 위생교육을 받아야 기본 위생지식을 갖춘 상태에서 영업할 수 있다.

58 ▶ ③

공중위생관리법의 목적은 국민 전체의 건강과 안전을 지키는 것이다.

59 ▶ ③

영업소 외의 장소에서 업무를 행한 경우 1차 위반 시 영업정지 1개월, 2차 위반 시 영업정지 2개월, 3차 위반 시 영업장 폐쇄명령의 행정처분이 내려진다.

60 ▶ ③

신고 시 필요한 것은 면허증 원본 · 교육수료증 · 영업시설 및 시설개요서 등이며, 자격증은 필수 제출 서류가 아니다.

최빈출
실전 60제

최빈출 실전 60제

빈출 01   #큐티클 니퍼즈

큐티클 니퍼즈(cuticle nippers)란?

① 상조피를 미는 것을 말한다.
② 상조피를 제거하는 액을 말한다.
③ 손톱을 자르는 가위를 말한다.
④ **상조피를 잘라내는 가위를 말한다.**

큐티클 니퍼는 손톱 주위의 상조피를 절단하는 기구로, 밀어내는 도구가 아니라 절단용 가위이다.

빈출 02   #테스트 컬

퍼머넌트 웨이브(permanent wave) 시술 시 정확한 프로세싱 타임을 결정하고 웨이브의 형성 정도를 조사하는 것은?

① **테스트 컬**   ② 패치 테스트
③ 스트랜드 테스트   ④ 컬러 테스트

테스트 컬은 퍼머 시술 중 웨이브 형성 정도를 확인하여 적정 프로세싱 타임을 판단하는 방법이다.

빈출 03   #그라데이션 커트

주로 짧은 헤어스타일의 헤어커트 시 두부 상부에 있는 두발은 길고 하부로 갈수록 짧게 커트해서 두발의 길이에 작은 단차가 생기게 한 커트 기법은?

① 스퀘어 커트(square cut)
② 원랭스 커트(one length cut)
③ 레이어 커트(layer cut)
④ **그라데이션 커트(gradation cut)**

그라데이션 커트는 두부 상부는 길고 하부로 갈수록 짧아지는 형태로, 자연스러운 층이 생기도록 하는 커트 기법이다. 무게선이 아래쪽에 형성되는 것이 특징이다.

빈출 04   #마셀 그라또

아이론을 발명하여 헤어스타일의 대혁명을 일으킨 사람은?

① 독일의 찰스네슬러
② 독일의 조셉 메이어
③ **프랑스의 마셀 그라또**
④ 영국의 스피크먼

마셀 그라또(Marcel Grateau)는 마셀 웨이브를 고안하여 아이론 스타일링의 기초를 확립하였다.

#매니큐어

매니큐어(Manicure) 바르는 순서가 옳은 것은?

① 네일에나멜 → 베이스코트 → 탑코트
② 베이스코트 → 네일에나멜 → 탑코트
③ 탑코트 → 네일에나멜 → 베이스코트
④ 네일표백제 → 네일에나멜 → 베이스코트

베이스코트로 손톱을 보호하고, 네일에나멜로 색을 입힌 뒤, 탑코트로 광택과 지속력을 높인다.

#클럽 커트

다음 중 클럽 커트(Club cut)와 같은 것은?

① 싱글링(Shingling)
② 트리밍(Trimming)
③ 클리핑(Clipping)
④ 블런트 커트(blunt cut)

블런트(클럽) 커트는 동일 길이로 직선 절단하는 기본 커트 기법이다.

#수소결합

모발의 결합 중 수분에 의해 일시적으로 변형되며, 드라이어의 열을 가하면 다시 재결합되어 형태가 만들어지는 결합은?

① S-S 결합
② 펩타이드 결합
③ 수소결합
④ 염 결합

수소결합은 물에 젖거나 열을 가했을 때 쉽게 끊어지고, 다시 건조·냉각되면 재결합되는 일시적 결합이다. 드라이, 롤 세팅 등에서 모양이 잡히는 원리가 바로 이 수소결합의 재배열이다.

#건강모발 pH

건강모발의 pH 범위는?

① pH 3 ~ 4
② pH 4.5 ~ 5.5
③ pH 6.5 ~ 7.5
④ pH 8.5 ~ 9.5

건강한 모발과 두피는 pH 4.5~5.5의 약산성 상태를 유지한다. 이 범위가 유지될 때 큐티클이 안정되고 윤기와 탄력이 살아난다.

#헤어 트리트먼트의 목적

헤어 트리트먼트의 목적을 설명한 것 중 가장 옳은 것은?

① 두피의 생리기능을 높여준다.
② 비듬을 제거하고 방지한다.
③ **두발의 모표피를 단단하게 하며 적당한 수분함량을 원상태로 회복시킨다.**
④ 두피를 청결하게 하며 두피의 성육을 조장한다.

헤어 트리트먼트의 목적은 단순히 두피 청결이 아니라 모발의 큐티클을 강화하고 손상된 수분 밸런스를 회복하는 것이다. 특히 화학시술 후 모발은 수분과 단백질이 손실되므로 트리트먼트가 필수적이다.

#자외선등

미안용기기 중에서 피부의 노폐물 배설을 촉진시키고 비타민 D를 생성하는 기기의 이름은?

① 적외선등
② **자외선등**
③ 테슬라 전류미안기
④ 갤버닉 전류미안기

자외선은 피부 노폐물 배출을 촉진시키고 비타민 D 합성을 돕는다.

#리터치

두발을 밝은 갈색으로 염색한 후 다시 자라난 두발에 염색을 하는 것을 무엇이라 하는가?

① 영구적 염색   ② 패치테스트
③ 스트랜드 테스트   ④ **리터치**

리터치는 새로 자라난 뿌리 부분만 염색하는 시술이다. 전체 모발을 반복 염색하면 손상이 심해지므로 뿌리만 보완하는 리터치가 실무에서 중요하다.

#SPF

SPF란 무엇을 뜻하는가?

① 자외선의 선탠지수
② 자외선이 우리 몸에 들어오는 지수
③ 자외선이 우리 몸에 머무는 지수
④ **자외선 차단지수**

SPF(Sun Protection Factor)는 UVB 차단 효과를 수치화한 지표이다.

빈출 13

#그리스 페인트 메이크업

다음 중 무대화장을 일컫는 화장법은?

① 데이 타임 메이크업
② 선번 메이크업
③ **그리스 페인트 메이크업**
④ 컬러 포토 메이크업

그리스 페인트 메이크업은 무대용 화장법으로, 강한 조명 아래에서도 얼굴 윤곽과 표정이 뚜렷하게 드러나도록 색조를 강하게 사용하는 것이 특징이다.

빈출 14

#두부 명칭

커트 시술 시 두부(頭部)를 5등분으로 나누었을 때 관계없는 명칭은?

① 톱(top)
② 사이드(side)
③ **헤드(head)**
④ 네이프(nape)

헤드(head)는 두부 전체를 의미하며, 5등분 명칭이 아니다.

빈출 15

#시스틴

두발에서 퍼머넌트 웨이브의 형성과 직접 관련이 있는 아미노산은?

① **시스틴(cystine)**
② 알라닌(alanine)
③ 멜라닌(melanin)
④ 티로신(tyrosin)

시스틴은 S-S 결합을 이루는 아미노산으로, 퍼머 시 결합을 끊고 재결합하는 핵심 구조이다.

빈출 16

#측쇄결합

모발의 측쇄결합으로 볼 수 없는 것은?

① 시스틴결합(cystine bond)
② 염결합(salt bond)
③ 수소결합(hydrogen bond)
④ **폴리펩티드결합(poly peptide bond)**

측쇄결합은 수소·염·시스틴 결합이며, 폴리펩티드는 모발 구조의 주축을 이루는 주쇄결합이다.

#수렴성 화장수

다음 중 지방성 피부에 가장 적당한 화장수는?

① 글리세린
② 유연화장수
③ **수렴성화장수**
④ 영양화장수

지성 피부는 피지 분비가 많아 모공이 넓고 번들거림이 심하다. 수렴성 화장수는 모공을 수축시키고 피지를 억제하여 지성 피부 관리에 적합하다.

#산성 린스

다음 중 산성 린스의 종류가 아닌 것은?

① 레몬 린스
② 비니거 린스
③ **오일 린스**
④ 구연산 린스

오일 린스는 산성 린스가 아니라 보습·윤기용 린스이다.

#컬의 목적

컬의 목적으로 가장 옳은 것은?

① 텐션, 루프, 스템을 만들기 위해
② **웨이브, 볼륨, 플러프를 만들기 위해**
③ 슬라이싱, 스퀘어, 베이스를 만들기 위해
④ 세팅, 뱅을 만들기 위해

컬은 웨이브, 볼륨, 풍성함을 만들기 위한 것이다.

#모발의 성장단계

다음 중 모발의 성장단계를 옳게 나타낸 것은?

① 성장기 → 휴지기 → 퇴화기
② 휴지기 → 발생기 → 퇴화기
③ 퇴화기 → 성장기 → 발생기
④ **성장기 → 퇴화기 → 휴지기**

모발의 생장 주기는 '성장기(Anagen) → 활발한 성장, 퇴화기 (Catagen) → 성장 정지, 휴지기(Telogen) → 탈락 준비' 순으로 진행된다.

시 · 군 · 구에 두는 보건행정의 최일선 조직으로 국민 건강증진 및 예방 등에 관한 사항을 실시하는 기관은?

① 병 · 의원
② 보건소
③ 보건진료소
④ 복지관

보건소는 지역사회에서 예방접종, 감염병 관리, 모자보건 등 다양한 공중보건사업을 수행하는 최일선 기관이다.

수인성(水因性) 전염병이 아닌 것은?

① 일본뇌염
② 이질
③ 콜레라
④ 장티푸스

일본뇌염은 모기 매개 질환이다.

수인성으로 전염되는 질병으로 엮어진 것은?

① 장티푸스 – 파라티푸스 – 간흡충증 – 세균성이질
② 콜레라 – 파라티푸스 – 세균성이질 – 폐흡충증
③ 장티푸스 – 파라티푸스 – 콜레라 – 세균성이질
④ 장티푸스 – 파라티푸스 – 콜레라 – 간흡충증

이 네 가지 질환은 모두 수인성 전염병으로, 오염된 물을 통해 전파되며, 위생관리와 안전한 식수 공급이 예방의 핵심이다.

수질오염을 측정하는 지표로서 물에 녹아있는 유리산소를 의미하는 것은?

① 용존산소(DO)
② 생물화학적산소요구량(BOD)
③ 화학적산소요구량(COD)
④ 수소이온농도(pH)

용존산소(DO)는 물의 자정능력과 오염 정도를 판단하는 핵심 지표로, 오염이 심할수록 DO는 감소한다.

다음 중 제3군 법정전염병에 속하는 것은?

① A형간염
② 후천성면역결핍증
③ 세균성이질
④ 디프테리아

후천성면역결핍증(AIDS)은 제3군 법정전염병으로 분류된다. 이는 전염성이 강하고 사회적 관리가 필요한 질환으로, 예방과 관리가 공중보건학에서 중요한 과제이다.

보건행정에 대한 설명으로 가장 올바른 것은?

① 공중보건의 목적을 달성하기 위해 공공의 책임하에 수행하는 행정활동
② 개인보건의 목적을 달성하기 위해 공공의 책임하에 수행하는 행정활동
③ 국가 간의 질병교류를 막기 위해 공공의 책임하에 수행하는 행정활동
④ 공중보건의 목적을 달성하기 위해 개인의 책임하에 수행하는 행정활동

보건행정은 국민 건강을 위해 국가와 지방자치단체가 책임지고 수행하는 행정활동이다.

콜레라 예방접종은 어떤 면역방법인가?

① 인공수동면역
② 인공능동면역
③ 자연수동면역
④ 자연능동면역

항원을 투여해 스스로 항체를 생성하는 방식이므로 인공능동면역이다.

한 나라의 보건수준을 측정하는 지표로서 가장 적절한 것은?

① 의과대학 설치수
② 국민소득
③ 전염병 발생률
④ 영아사망률

영아사망률은 국가 보건·의료·위생 수준을 가장 잘 반영한다.

#외래 전염병 예방대책

외래 전염병의 예방대책으로 가장 효과적인 방법은?

① 예방접종
② 환경개선
③ 검역
④ 격리

외래 전염병을 차단하는 가장 효과적인 방법은 검역으로, 국경에서 감염원을 차단하여 국내 유입을 막는 것이 중요하다.

#고압증기멸균법

무균실에서 사용되는 기구의 가장 적합한 소독법은?

① 고압증기멸균법
② 자외선소독법
③ 자비소독법
④ 소각소독법

무균실 기구는 포자까지 완전히 사멸시킬 수 있는 고압증기멸균법이 가장 적합하다.

#건강보균자

다음 중 전염병 관리상 가장 중요하게 취급해야 할 대상자는?

① 건강보균자
② 잠복기환자
③ 현성환자
④ 회복기보균자

건강보균자는 증상이 없으나 병원체를 보유하고 있어 무의식적으로 감염을 확산시킬 수 있다. 증상 환자보다 관리가 어려워 전염병 관리상 매우 중요하다.

#포자형성 세균

내열성이 강해서 자비소독으로는 멸균이 되지 않는 것은?

① 이질 아메바 영양형
② 장티푸스균
③ 결핵균
④ 포자형성 세균

포자는 내열성이 강해 자비소독으로는 멸균되지 않는다.

세균들은 외부환경에 대하여 저항하기 위해서 아포를 형성하는데 다음 중 아포를 형성하지 않는 세균은?

① 탄저균
② 젖산균
③ 파상풍균
④ 보툴리누스균

젖산균은 아포를 만들지 않는 비포자균이다.

이·미용실의 기구(가위, 레이저) 소독으로 가장 적당한 약품은?

① 70~80%의 알코올
② 100~200배 희석 역성비누
③ 5% 크레졸비누액
④ 50%의 페놀액

가위·레이저 등 금속 기구는 70~80% 알코올이 가장 적합하다. 살균력과 휘발성이 좋아 잔여물이 남지 않는다.

다음 중 음용수의 소독에 사용되는 소독제는?

① 표백분
② 염산
③ 과산화수소
④ 요오드팅크

표백분(차아염소산칼슘)은 물 소독에 널리 사용되며, 염소소독은 가장 보편적이고 효과적이다.

소독제의 살균력을 비교할 때 기준이 되는 소독약은?

① 요오드
② 승홍
③ 석탄산
④ 알코올

석탄산(페놀)은 소독제의 기준 물질로 사용된다.

다음 중 열에 대한 저항력이 커서 자비소독법으로 사멸되지 않는 균은?

① 콜레라균
② 결핵균
③ 살모넬라균
④ B형간염 바이러스

B형간염 바이러스는 열에 강해 끓이는 소독으로는 사멸되지 않는다.

다음 중 이·미용실에서 사용하는 수건을 철저하게 소독하지 않았을 때 주로 발생할 수 있는 전염병은?

① 장티푸스
② 트라코마
③ 페스트
④ 일본뇌염

트라코마는 눈의 결막에 염증을 일으키는 질환으로, 위생 상태가 좋지 않은 수건이나 파리 등을 통해 전파되는 대표적인 접촉 전염병이다.

광견병의 병원체는 어디에 속하는가?

① 세균(bacteria)
② 바이러스(virus)
③ 리케차(rickettsia)
④ 진균(fungi)

광견병은 바이러스성 질환이다.

다음 중 결핵환자의 객담 소독 시 가장 적당한 것은?

① 매몰법
② 크레졸소독
③ 알코올소독
④ 소각법

결핵환자의 객담은 소각법이 가장 확실한 소독방법이다.

#플로럴 부케

여러 가지 꽃 향의 혼합된 세련되고 로맨틱한 향으로 아름다운 꽃다발을 안고 있는 듯, 화려하면서도 우아한 느낌을 주는 향수의 타입은?

① 싱글 플로럴(single floral)
② 플로럴 부케(floral boupuet)
③ 우디(woody)
④ 오리엔탈(oriental)

플로럴 부케는 다양한 꽃 향을 조합한 향으로 우아하고 로맨틱한 느낌을 준다.

#손톱의 구조

다음 손톱의 구조 중 손톱의 성장 장소인 것은?

① 조소피
② 조근
③ 조하막
④ 조체

조근은 새로운 세포가 생성되는 성장 부위로, 손톱이 자라나는 원천이며, 뿌리 부분에 위치한다.

#피부질환

다음 중 바이러스성 피부질환은?

① 기미
② 주근깨
③ 여드름
④ 단순포진

단순포진은 HSV(단순포진 바이러스) 감염으로 발생한다.

#건강 모발

다음 중 일반적으로 건강한 모발의 상태는?

① 단백질 10~20%, 수분 10~15%, pH 2.5~4.5
② 단백질 20~30%, 수분 70~80%, pH 4.5~5.5
③ 단백질 50~60%, 수분 25~40%, pH 7.5~8.5
④ 단백질 70~80%, 수분 10~15%, pH 4.5~5.5

건강한 모발은 단백질 70~80%, 수분 10~15%, pH 4.5~5.5로 구성된다.

천연보습인자 성분 중 가장 많이 차지하는 것은?

☑ 아미노산
② 피롤리돈 카르복시산
③ 젖산염
④ 포름산염

천연보습인자(NMF)의 약 40% 이상이 아미노산이다.

다음 중 글리세린의 가장 중요한 작용은?

① 소독작용
☑ 수분유지작용
③ 탈수작용
④ 금속염제거작용

글리세린은 강력한 보습·수분 유지제로 화장품에 널리 사용된다.

피지선의 활성을 높여주는 호르몬은?

☑ 안드로겐
② 에스트로겐
③ 인슐린
④ 멜라닌

안드로겐은 피지 분비를 증가시키는 호르몬으로 여드름 발생과도 관련이 있다.

표피 중에서 각화가 완전히 된 세포들로 이루어진 층은?

① 과립층
☑ 각질층
③ 유극층
④ 투명층

각질층은 표피의 가장 바깥층으로, 완전히 각화된 세포로 구성되어 외부 자극으로부터 피부를 보호하는 역할을 한다.

여드름 치유와 잔주름 개선에 널리 사용되는 것은?

🖊 레틴산(retinoic acid)
② 아스코르빈산(ascorbic acid)
③ 토코페롤(tocopherol)
④ 칼시페롤(calciferol)

레틴산은 비타민 A 유도체로, 여드름 치료와 잔주름 개선에 널리 사용되며, 피부 재생을 촉진하는 효과가 있다.

피부 색소침착에서 과색소 침착 증상이 아닌 것은?

① 기미
🖊 백반증
③ 주근깨
④ 검버섯

백반증은 멜라닌이 감소하는 저색소 침착이다.

이 · 미용사의 면허증을 재교부받을 수 있는 자는 다음 중 누구인가?

① 공중위생관리법의 규정에 의한 명령을 위반한 자
② 간질병자
③ 면허증을 다른 사람에게 대여한 자
🖊 면허증이 헐어 못쓰게 된 자

이용사 또는 미용사는 면허증의 기재사항에 변경이 있는 때, 면허증을 잃어버린 때 또는 면허증이 헐어 못쓰게 된 때에는 면허증의 재발급을 신청할 수 있다(공중위생관리법 제10조 제1항).

부득이한 사유가 없는 한 공중위생영업소를 개설할 자는 언제 위생교육을 받아야 하는가?

① 영업개시 후 2월 이내
② 영업개시 후 1월 이내
🖊 영업개시 전
④ 영업개시 후 3월 이내

공중위생영업소를 개설하려는 자는 영업을 시작하기 전에 위생교육을 이수해야 한다. 영업 후 일정 기간 내가 아니라, 시작 전이 원칙이다.

다음 중 공중위생영업을 하고자 할 때 필요한 것은?

① 허가
② 통보
③ 인가
④ 신고

공중위생영업(이·미용업, 세탁업, 목욕장업 등)은 허가제가 아니라 신고제이다. 관할 관청에 신고를 해야 적법한 영업을 할 수 있다.

이·미용영업소가 영업정지명령을 받고도 계속하여 영업을 한 때의 벌칙사항은?

① 1년 이하의 징역 또는 1천만원 이하의 벌금
② 3년 이하의 징역 또는 1천만원 이하의 벌금
③ 2년 이하의 징역 또는 5백만원 이하의 벌금
④ 1년 이하의 징역 또는 3백만원 이하의 벌금

영업정지명령 또는 일부 시설의 사용중지명령을 받고도 그 기간 중에 영업을 하거나 그 시설을 사용한 자 또는 영업소 폐쇄명령을 받고도 계속하여 영업을 한 자는 1년 이하의 징역 또는 1천만원 이하의 벌금에 처한다(공중위생관리법 제20조 제2항).

이·미용업소에서의 면도기 사용에 대한 설명으로 가장 옳은 것은?

① 1회용 면도날만을 손님 1인에 한하여 사용
② 정비용 면도기를 손님 1인에 한하여 사용
③ 정비용 면도기를 소독 후 계속 사용
④ 매 손님마다 소독한 정비용 면도기 교체 사용

면도날은 혈액·체액과 직접 접촉할 수 있어 교차 감염 위험이 매우 높다. 따라서 반드시 1회용 면도날을 손님 1인 사용 후 폐기해야 한다.

공중위생관리법에서 규정하고 있는 공중위생영업의 종류에 해당되지 않는 것은?

① 이·미용업
② 위생관리용역업
③ 학원영업
④ 세탁업

학원영업은 교육업으로 공중위생영업에 속하지 않아 공중위생관리법의 적용 대상이 아니다.

공중위생관리법상의 위생교육에 대한 설명 중 옳은 것은?

② 위생교육 대상자는 이 · 미용업 영업자이다.
② 위생교육 대상자는 이 · 미용사이다.
③ 위생교육 시간은 매년 8시간이다.
④ 위생교육은 공중위생관리법 위반자에 한하여 받는다.

공중위생관리법에서 정한 위생교육의 대상은 이 · 미용업 영업자이다. 위생교육은 법 위반자만 받는 것이 아니라, 영업자의 위생관리 능력 향상을 위해 매년 정기적으로 실시되는 교육이다.

다음 중 이 · 미용사 면허를 취득할 수 없는 자는?

① 면허 취소 후 1년 경과자
② 독감환자
③ 마약중독자
④ 전과기록자

마약 기타 대통령령으로 정하는 약물 중독자는 이용사 또는 미용사의 면허를 취득할 수 없다.

공익상 또는 선량한 풍속유지를 위하여 필요하다고 인정하는 경우에 이 · 미용업의 영업시간 및 영업행위에 관한 필요한 제한을 할 수 있는 자는?

① 관련 전문기관 및 단체장
② 보건복지부장관
③ 시 · 도지사
④ 시장 · 군수 · 구청장

시장 · 군수 · 구청장은 지역 공익을 위해 영업시간 및 행위를 제한할 수 있다.

이 · 미용기구의 소독기준 및 방법을 정한 것은?

① 대통령령
② 보건복지부령
③ 환경부령
④ 보건소령

이용기구 및 미용기구의 소독기준 및 방법은 시행규칙(보건복지부령) 제5조에 규정되어 있다.

성공은 결코 우연이 아니다. 성공은 노력, 인내, 학습, 공부, 희생,
그리고 무엇보다도 자신이 하고 있거나 배우고 있는 일에 대한 사랑이다.
(Success is no accident. It is hard work, perseverance, learning, studying, sacrifice and most of all,
love of what you are doing or learning to do.)

펠레(Pele)

박문각 자격증 시리즈

일반(헤어)미용사 필기
8개년 기출문제집 + 무료특강

초판인쇄   2026. 4. 15.
초판발행   2026. 4. 20.

저자와의
협의 하에
인지 생략

편 저 자   원경하, 안소은, 김연민
발 행 인   박용
출판총괄   김현실
개발책임   이성준
편집개발   김태희, 김소영
마 케 팅   김치환, 최지희
일러스트   ㈜ 유미지

발 행 처   ㈜ 박문각출판
출판등록   등록번호 제2019-000137호
주   소   06654 서울시 서초구 효령로 283 서경B/D 6층
전   화   (02) 6466-7202
팩   스   (02) 584-2927
홈페이지   www.pmgbooks.co.kr

ISBN   979-11-7519-861-6
정가   18,000원